野生食材的特性和烹調祕訣
一本就能精通

野味料理大全

Le Gibier

出版聲明

1. 台灣野生動物保育條例明定，保育類野生動物應予保育，不得騷擾、虐待、獵捕、宰殺或為其他利用。一般的野生動物，除了原住民可在原住民族漁獵採集區，依傳統祭典、文化習俗進行適度狩獵活動，或是該生物已危害人類、家畜、航空安全…等理由之外，亦不允許隨意捕殺。
2. 本書所介紹的狩獵相關事宜，為日本與法國當地的情形，與台灣民情或有不同，權且保留以供讀者瞭解與參考。
3. 本出版社秉持推廣專業料理食譜的良善立意，著重於將他國特色料理技術推介給國內師傅，以達文化交流目的，並不鼓勵非法獵捕行為，建議部份野味食材可採用適當合法食材替代。

野生食材的特性和烹調祕訣
一本就能精通
野味料理大全

C O N T E N T S

「Pas mal」餐廳
向高橋德男主廚請益
野味的基本知識與烹調 —— 4

Pas mal 皆良田 光輝
傳承老師對野味的用心 22

KM 宮代潔
令人強烈震撼、終極經典
求道者的野味料理 31

Le Manoir D'HASTINGS 五十嵐安雄
秉持傳統技術
令人驚豔的美味料理 38

Le Gibier, présent de la nature, Origine de la cuisine française

RESTAURANT KOBAYASHI 小林邦光
在餐盤上「燉煮」展現富饒的大地意象　64

LA BUTTE BOISÉE 森重正浩
深入了解相關食材的同時 還表現哺育鳥獸的豐富大自然　46

AUBERGE ESPOIR 藤木德彥
信州野味和豐富的食材　72

L'AMI DU VIN "ENO" 榎本 實
將紅酒和兩種以上的酒徹底濃縮混合　55

「Pas mal」餐廳

攝影 黑部 徹

向高橋 德男主廚請益

知識與烹調

源自大自然的美好食材

法國料理中，最能讓人感受到季節風味的食材，非野味莫屬了。

在法語中，「Gibier」這個字是指「狩獵鳥獸」之意。

在日本可以狩獵的鳥類包括鴨、鳩、鷸鳥、綠雉等，獸類則有鹿、豬、野兔等。

長期受佛教戒律影響禁食肉食的日本人，也許並不太熟悉這些野生鳥獸，然而在以法國為首的歐洲各國，則將這些奔馳在山林間和飛翔於天際的野生動物，視為凌駕於一切的高級食材，將牠們當成明星級的珍饈美饌。

在法國，據說詢問「野味是否美味？」被認為是很愚蠢的問題。

運動量大，以天然食物為食的野生鳥獸，與被飼養的動物比較起來，肉質的鮮美度可說有天壤之別。

首先，燒烤的香味就有很大的不同。

野生鳥獸散發的濃郁樸素野味，是牠們被視為最高美味的主要原因。

比飼養的肉類更難烹調許多倍

鮮美的野味，只需烤一烤就十分美味。然而，那是山野間的獵人們的吃法，在法國餐廳裡並不能這樣烹調。

為了讓美味食材呈現更頂級的風味，前人們努力鑽研料理技術，累積了深厚的烹調造詣，將野味提升到極高的地位。

料理人若想烹調出一盤無損野性風味，散發出獨特個性風味的滿意野味料理，需具備比烹調飼育家禽畜多好幾倍的經驗、知識和眼光。

對料理人來說，那正是野味有趣之處，也是令他們感到害怕的地方。

完美野味料理的三大必備要素

完美的野味料理，必須具備三大要素。

第一是野生鳥獸要有優良的品質。最好是生長在空氣無污染的大自然環境中，大量攝取營養豐富的天然食物的個體。儘管同樣是鴨子，生長在自然環境中的和市區池塘裡的，不論肉質或風味上都有極大的差異。

此外，不同齡的鹿、豬、鴨等，肉質和風味也大異其趣。鹿

Tokuo Takahashi

1936年生於日本東京，59年進入銀座「花之木」餐廳，正式踏入法國料理的世界。之後陸續在原宿的「Tiffany」及銀座的「紅磚屋」工作，69年遠赴法國。在巴黎的「拉薩爾（Lasserre）」研修2年，羅昂市（Ronne）的「Troisgros」研習1年，後來又在巴黎的「Pâtisserie Douburiyu」餐廳學習了半年後，於73年回到日本。相繼在代官山的「紅磚屋」和青山的「La Maree」擔任主廚，之後在83年擔任日比谷「阿比修斯（APICIUS）」餐廳的料理長。93年負責東京高峰會議（Tokyo Summit）晚餐餐宴，是引領日本法國料理界的重要領導人。99年在神田開設販售濃湯和派的外帶店「Pas mal」，他個人首創的營業型態備受日本餐飲界的矚目。03年時位於六本木的hills店開幕，同時也擔任日本知名法廚組成的「Le Club des Trentes」俱樂部的會長。

野味的基本

和豬最好選用三歲以下母的個體，鴨則適合選用鳥喙還柔軟的小水鴨。

年紀大的個體也並非不能食用，只是必須採用截然不同的烹調方式。

就算是同種的野生鳥獸，每隻個體的差別也很大。若沒弄清其間的差異，烹調完成後風味上可能南轅北轍。

從秋季到冬季期間，野生鳥獸的體內會積存許多脂肪，這時正是大啖野味的最佳時節。

法國的狩獵季自9月中旬展開，日本則不然，在北海道鳥類至10月才解禁，日本本州以南則要到11月，而哺乳類是到12月才能獵捕，很可惜的是，最適合作為食材的季節和狩獵期有些微的差距。

本次使用的野味
◆岩手縣的綠頭鴨、小水鴨、金背鳩、野兔
◆靜岡縣伊豆的本州鹿
◆神奈川縣丹澤的野豬
◆蘇格蘭產山鷸
（北方快遞（Northerh Express）股份有限公司）

第二項要素是，獵人需有高超的技術。以狩獵鹿為例，獵人必需在鹿不緊張的情況下一槍擊斃，然後趁體溫未下降前迅速取出內臟。

因為內臟存於體內不儘速處理會產生毒氣，造成肉質腐敗、散發惡臭。

可是如果鹿受傷，血液還在肉裡流動，肉的味道便會變成像肝臟一樣。

狩獵的技術固然重要，可是能確實、迅速處理的獵人，才是獵捕野味的最佳人選。

最後一項不用說，當然是烹調師傅也需具備卓越的料理技術。

三項要素中即使只欠缺一項，都無法烹調出完美的野味料理。

野味盛產季 廚房朝氣蓬勃

每當野味產季來臨，法國餐廳的廚房便開始熱鬧起來。秋風吹起後，也是各種菇類的盛產季。進入初冬新鮮松露堂堂登場。

廚房從夏季的沉寂狀態，一轉變得十分忙碌，完全籠罩在緊張的氛圍中，這種繁忙狀態會一直持續到隔年2月，那是一年中最歡樂的時節。

在森林不斷遭到破壞、環境被污染的法國，此情此景如今已十分罕見，但是在1970年左右

一般家庭也常烹煮野味料理宴客，通常都是未去毛整隻購買。

我在那兒工作時，仍可見到巴黎的一些肉店和餐廳，在店頭掛著一整頭鹿或豬，作為當季特賣商品。

當時在極平凡的工商業區的肉店裡，也會販賣野味，即使是一般家庭也能購買烹調。我曾經在友人家，接受女主人親自剝皮、烹煮的野兔料理。他們以祖傳烹調方式燉煮，完成後肉質非常柔嫩、鮮美。

野味季可說是法國最精采的美食季節。

在過去野味由特權階級壟斷獨享

對於原為狩獵民族的歐洲人來說，在過去野生鳥獸等於是他們每天的食物，但隨著農耕、畜牧業的發展，野味成為只有特權階級才能享受的美饌。

在古羅馬，一般人的飲食大多以麵包、起司、蔬菜和乾果等簡樸的食物為主。

而那些當權者、大富商和軍人等，會從非洲訂購豬、熊、鹿、羊、山羊等自己愛吃的動物，甚至還將鶴、紅鶴、天鵝、孔雀等這些較奇異的野鳥當成珍味享用。

隨著時代的變遷，歐洲進入封建帝制時代後，狩獵成為唯有王侯貴族才能享受的娛樂遊戲。他們時興在自己的領土放狗狩獵。當農民以濃湯和麵包裹腹之際，王侯貴族卻時時享用野味大餐。

而今，已經是只要多花點錢，任何人都能享受野味的民主時代。但我們別忘了歐洲過去曾有那段歷史背景。

阿比修斯餐廳開創日本野味料理的榮景

1973年我自法國回國，當時日本沒有任何一家肉店有販售野生鳥獸。

雖然我很努力探尋，然而那時很少有日本料理店推出豬、鴨料理，更何況用於法國料理中。即使如此我仍不死心，繼續努力找尋。

我在Troisgros餐廳學習料理的那年冬天，很高興有機會烹調鷸鳥和雲雀，但心中暗忖即使學會這樣的工作，回到日本也沒什麼大用處吧，但是想讓日本的法國料理更豪華豐富，野味絕對是不可或缺的食材。

這一切在我擔任阿比修斯餐廳的主廚後，有了一百八十度的轉變。因為該餐廳的老闆本身就會打獵，因此他告知全國各地獵友會的同好，希望能大量收集野味。

餐廳也因此曾經同期收購到六、七種鴨共二、三百隻，以及極大量的鳩和野兔等。這些野味都是從獵人那兒直接送達，中間未經流通，所以鮮度一流。

不論是蝦夷鹿或豬都是如此，整隻送達後，我們將骨頭分別熬湯，骨頭熬製的鮮美蔬菜清高湯（jus），是製作醬料時的必備材料。

如此一來，阿比修斯餐廳的野味料理，一下子超越了法國三星級餐廳，成為日本著名的野味料理餐廳。

能夠那樣自由烹調質量兼優的豐富野味，是很幸運的一件事。而這其中還蘊含著獵人朋友們的溫暖友誼。

在這段期間我也開始對狩獵感到興趣，取得狩獵許可證後，以新手獵人的身分常往來於山野間。

在結冰的湖畔製作的鴨子鍋的鮮美滋味，直到今天我仍難以忘懷。

重要的是多烹調和親自品嚐

如今，在日本銷售歐洲產或國產野味的業者大增，購買起來比過去容易多了。

注意到野味的魅力，希望能品嚐一下而走進餐廳的顧客也增加許多，這些都是可喜的現象。記得剛推出野味那段時期，為了不讓初次體嚐的顧客失望，料理人都極為用心。

如果顧客覺得「肉太硬、有腥味或怪味」而拒絕食用的話，都是因為欠缺了上述三大要素的某一項。

想烹調出美味的野味料理，就得儘量多做，累積經驗。

如今回頭檢視，我的野味料理技術，其中約有三成是學自法國，其他的七成則全是在阿比修斯餐廳學到的。

獲取知識固然重要，可惜的是書中能學到的終究有限。

想了解野味的本質時，除了用舌頭親自去品嚐怎樣才是最美味外，其他別無他法。

我希望大家要先拋掉野味一定美味的觀念，每一種都要好好地重複多品嚐幾次，以培養自己判斷其品質優劣的味覺力。

烹調野味的鐵則

過去餐廳十分重視野味的熟成度（faisandage），甚至還有料理人主張「綠雉最好放到快腐敗時才烹調」等，不過現在野味的新鮮度，比起能產生濃郁風味的熟成度更受到重視。

雖然每個人喜好不同，但現在一致認為野生鳥類要越新鮮越好，獸類的熟成期間也要大幅縮

巴黎肉店的招牌布條上寫著「家禽和野味」。由於需求量大增，目前法國也有不少野味是半人工飼育的。

短。

尤其是海外產的野味需要花時間流通，所以進貨後最好能立刻烹調。

鳥類必須馬上處理，利用前端彎曲的勾子，從肛門將腸子全部拉出。如果這項作業延遲，排泄物的味道就會滲入肉中，讓人難以下嚥。

鳥羽具有殺菌作用，所以保存時一定要連毛一起放入冰箱。一旦拔除羽毛，表皮會很快發黏提早敗壞。

在烹調當天早上才去除羽毛，再用火直接烤掉體表的細毛，用水洗淨後，充分拭乾備用。

內臟要在烤前才取出，還新鮮的話才使用。

烘烤時不變的規則是，任一種野味都只需烤到五分熟（肉色呈玫瑰色的中等狀態）即可。

野味不適合只烹調到呈藍色（三分熟狀態），但生鹿肉料理除外。

法國人都以醬汁搭配肉一起食用，但日本人不同，許多人因為將肉拿來燉煮覺得乾澀，而留下不佳的印象。

我想這是因為大家不了解已融入蔬菜清高湯的醬汁美味的緣故。

製作醬汁時，搭配鹿肉要分別準備較濃郁的鹿蔬菜高湯（fond）和較清淡的鹿蔬菜清高湯（jus），鴨肉也要準備濃、淡兩種鴨蔬菜高湯才理想，但是這對小規模的餐廳來說也許相當困難。

「了悟」野味需要花時間

傳統的野味料理已累積了許多現成的優質菜單。話雖如此，但也不必要執著於口味濃重的醬汁。

值得一提的是，野味如果製作得太精緻美觀，它原有的野味就會喪失殆盡。先從牠擁有的泥腥味開始入手，若能精練的呈現那種，由自然孕育的風味，才能充分表現出野味的特色。

要成為一個優良的野味料理廚師，必須要能夠掌握各種食材的特性，從動物生態習性，到捕獲時當下的處理，以及烹調技法，都必須有充分的了解。

此外，學習烹調野味，除了充分的思考和了解，同時還需不拘泥既定的概念。當你能夠隨心所欲的將心中所想的風味烹調出來時，才可以說能料理出有自己特色的野味。為此，無論如何都需累積豐富的烹調經驗。

烹調野味料理要學習的東西相當多，甚至可說無止境。生長在大自然中的野生動物，為了適應時節、氣候的轉變，身體會適時作出改變。例如在冬天，動物的脂肪通常會比夏天豐厚，因此呈現出各種風貌。在料理過程中，處理稍有不當，就會喪失原有的美味。然而，野生食材的多變與豐富性，也正是野味料理迷人之處。

帶著尊重與感激，享受大自然的恩賜，這是每一個料理人，都應抱持的心態。

用背脂和香草捲包住的山鶉，擺在店頭待售，之後只需烘烤即能食用。

綠頭鴨

Col-vert

在日本，法律允許獵捕的大型鴨除了綠頭鴨外，還有花嘴鴨（Anas poecilorhyncha）、中型鴨包括尖尾鴨（Anas acuta）、琵嘴鴨（Anas clypeata）、斑背潛鴨（Aythya marila）、羅紋鴨（Anas falcata georgi），小型鴨有小水鴨等。

從我實際烹調的經驗來看，依舊是綠頭鴨最具有王者之風。牠擁有豐富的美味，從初嚐野味的人到老饕們，任何人都很容易接受。而花嘴鴨和綠頭鴨的評價相當，而其他種類的鴨子則略遜一籌。

公綠頭鴨的頭部，羽色富光澤呈美麗的綠色，所以被稱為綠頭鴨，法語稱為「colvert」。日本從外國主要就是進口這種綠頭鴨。

鴨肉風味如何，和鴨隻食用哪種飼料息息相關。切開胃部來觀察十分有趣，若是胃裡裝著我們人類看到都覺得可口的飼料，這樣的鴨隻肉質一定美味。

辨識鴨隻的方法有兩項重點。

第一是鴨的年齡。從鴨嘴的彈性能判斷鴨齡大小，捏起來較柔軟的是幼鴨。僅管公母的味道差別不大，但老鴨和小鴨的肉質卻有天壤之別，選擇時要十分注意。

另一項重點是，鴨隻身體最好不要有傷。以散彈槍射擊的鴨隻會有淤血，所以近距離射擊的鴨隻較難處理。

在福井縣雖然有用網子生擒活鴨，但一隻要價高達一萬日圓以上，這類鴨適合作為繁殖用，但用於餐廳的料理中會太過昂貴。

由於每隻鴨的個體差異很大，無法一概而論，總之新鮮、熟成的鴨隻都各有特色。

將餡料攤平，分成每份30g備用。

將表面煎至焦黃，再用烤箱烘烤。

這是波爾多鴨醬汁，冷卻後所含的膠質會凝結。

稍微熬煮，讓野菇風味完全融入醬汁中。

●材料（4人份）

波爾多鴨醬汁〔野鴨骨1.5隻份、洋蔥小1個、胡蘿蔔1/2條、芹菜1根、百里香1～2根、月桂葉2片，紅葡萄酒1瓶、沙拉油適量、鴨蔬菜高湯3大匙〕／餡料〔洋蔥、胡蘿蔔、芹菜、培根、無鹽奶油、鹽、白胡椒各適量〕／麵糊（panade）〔無鹽奶油、低筋麵粉、鴨高湯（bouillon）、蛋黃各適量〕／野鴨1隻／蛋白1.5個份／鮮奶油50cc／鹽、白胡椒各適量／細麵包粉適量／無鹽奶油、沙拉油各適量／菊苣1/2個／白酒、鴨高湯各少量／野菇適量

●作法

製作波爾多鴨醬汁

1 鴨骨剁碎，放入切成2cm小丁的洋蔥、胡蘿蔔和芹菜。
2 在不鏽鋼鍋中放入1、百里香、月桂葉和紅酒，放入冰箱冷藏醃漬一晚。
3 將鴨骨和蔬菜從醃漬液中取出，瀝除水分，分別用沙拉油炒一下。
4 在鍋裡放入3，倒入醃漬液，如果醃漬液不夠可加入紅酒（分量外），開火加熱，熬煮到剩1/3量為止。
5 加入鴨蔬菜高湯，繼續煮到剩一半的量，過濾後備用。

準備餡料

1 準備等量的洋蔥和胡蘿蔔，洋蔥一半量的芹菜，芹菜2/3量的培根，全部切末。
2 用奶油將洋蔥、胡蘿蔔和芹菜炒到產生甜味、變軟為止，加入培根續炒，撒些鹽和胡椒調味。
3 將餡料平鋪在淺盤中待涼備用（**圖1**）。

準備麵糊

1 以製作白醬（béchamel sauce）的要領，用奶油炒香麵粉。
2 等到炒至已無生粉味時，加入鴨高湯調勻，充分熬煮後離火。
3 等稍微變涼後加入蛋黃，充分混勻。

製作鴨絞肉

1 鴨子去毛，再用瓦斯槍烤掉細毛。將胸肉、腿肉剔除骨頭，再切除鴨皮和硬筋。
2 將鴨肉放入食物調理機中攪打成絞肉。
3 加入蛋白，充分攪打後加入麵糊，再繼續攪打。麵糊量是鴨肉約15%的量。
4 將絞肉倒入鋼盆中，混合鮮奶油後，加鹽和胡椒調味。
5 在保鮮膜上薄塗沙拉油，放上60g絞肉攤平成圓形，上面放上30g餡料，再蓋上60g的絞肉。手掌塗上沙拉油，如同揉捏漢堡般將肉團修整成厚圓餅形，外表沾滿麵包粉。
6 平底鍋加入奶油和沙拉油加熱，放入鴨餅兩面煎至焦黃上色，再放入200度的烤箱中烤至五分熟（**圖2**）。

完成醬汁後即盛盤

1 菊苣切成1cm寬，用奶油稍微炒軟，加入白酒和鴨高湯煮到變軟。
2 將奶油熬煮到變成褐色時，放入野菇，將野菇的風味充分炒出來。
3 在波爾多鴨醬汁中加入2，一面讓野菇風味融入醬汁中，一面也加入1，再加鹽和胡椒調味（**圖3、4**）。
4 在盤中鋪入醬汁，再放上包餡的鴨肉餅。

＊鴨蔬菜高湯和小牛肉高湯（Fond de Veau）的作法相同，用野鴨骨和香味蔬菜、番茄和番茄糊等熬製而成。

＊鴨高湯和雞高湯的作法相同，是用野鴨骨熬製而成。

野鴨絞肉包蔬菜餡
佐配加入野菇和菊苣的醬汁

Bitoke de canard sauvage, sauce au champignon sauvage et à l'endive

烤至五分熟、豐潤多汁的鴨絞肉，和蔬菜風味完美調和。

香烤小水鴨　佐配煮栗子

Sarcelle grillée accompagnée de châtaignes

小水鴨 Sarcelle

小水鴨是日本產鴨類中數量最少的，體長約40公分。身輕、揮翅迅速，能高速飛行，想完美命中需具備高超的狩獵技術。

牠雖然體型小，但肉味濃郁，屬於三顆星等級的野味。一般人認為味道濃郁的肉要搭配重口味的醬汁，然而烹調小水鴨時卻要跳脫這種先入為主的觀念，最佳方式是只簡單搭配鴨蔬菜清高湯製的醬汁。而加入血的濃稠醬汁等，反而會破壞小水鴨原有的風味。

不過，鴨類中我最喜歡的，還是比小水鴨體型稍大的鳳頭潛鴨。牠的後頭部長著長冠，眼睛呈金色，特色是羽毛漆黑，但下層羽毛為白色，擅於潛入水中。

鳳頭潛鴨儘管體型小，但肉色鮮紅，烤過後會發黑，散發一股泥土般的野味。那股濃烈的味道有些人吃不慣，但習慣的人則會吃上癮。

加入少量豬油，有助栗子煮軟。

烤的時候請注意，要從皮側開始烤起，才能烤得漂亮。

如果烤得不夠透，也可以放入烤箱再烤一下。

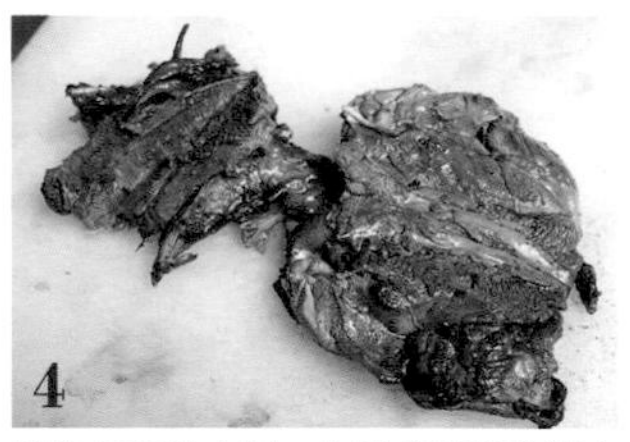

剔除骨頭的肉排，在製作鴨蔬菜清高湯期間，暫放在溫暖的地方備用。

●材料（1人份）

鴨蔬菜清高湯〔野鴨骨2隻份、沙拉油適量、洋蔥1/4個、胡蘿蔔1/4條、芹菜1/4根、大蒜3瓣、百里香1～2根、月桂葉1片、白酒150cc、水適量〕／煮栗子〔帶殼生栗子、豬油、雞高湯、小牛肉高湯、芹菜、鹽、白胡椒各適量〕／小水鴨1隻／鹽、白胡椒各適量／沙拉油適量／四季豆、無鹽奶油各適量

●作法

製作鴨蔬菜清高湯

1 鴨骨剁碎，用沙拉油炒到呈恰當的色澤。

2 加入切成1.5cm小丁的洋蔥、胡蘿蔔、芹菜、大蒜、百里香和月桂葉，充分拌炒。

3 加入白酒一口氣煮至沸騰，等煮到剩1/3量時，加入剛好能蓋過材料的水，繼續以小火沸煮到充分釋出味道。

4 用網篩過濾鴨骨，用力碾壓瀝出蔬菜清高湯。

準備煮栗子

1 用豬油淋在已剝除澀皮的栗子上，一直拌炒到變成黃色為止。充分炒過的栗子，燉煮時較不易碎爛。

2 加入剛好能蓋過栗子的雞高湯和小牛肉高湯，再加少量的豬油和芹菜，稍微撒些鹽和胡椒，一直燉煮到栗子變軟為止（**圖1**）。

用烤板烤小水鴨

製作鴨蔬菜清高湯

1 小水鴨去毛，切除頭、頸、前段翅膀和下截腳，從背部切開。內臟不用。

2 整塊肉撒上鹽和胡椒，塗上沙拉油。

3 將鴨肉放在加熱過的烤板上，先從鴨皮面開始烤。中途變換位置，讓皮面烤出格子狀痕跡（**圖2**）

4 將鴨肉翻面，燒烤另一側，烤至五分熟即完成。注意別烤得太焦（**圖3**）。

5 將胸肉和腿肉剔除骨頭（**圖4**），骨頭剁碎。

6 將150cc鴨蔬菜清高湯和鴨骨放入鍋中，開火加熱，熬煮到散發小水鴨味道後過濾，再加鹽和胡椒調味。

盛盤

1 四季豆用鹽水氽燙，再用奶油炒香。

2 在盤中放入燉栗子、**1**和烤小水鴨排，淋上鴨蔬菜清高湯即可上桌。

Pigeon 鳩

金背鳩在日本可以合法獵捕。牠的特色是頸部有藍、白花紋，背部中央有黑和紅褐色的鱗狀花紋，會發出「迪迪波」的鳴叫聲。市區也常發現牠們的蹤跡，但是除了棲息在鄉間，吃果實、草類的金背鳩外，生活在其他地區的並不適合作為野味。此外，有一種野鴿（Columba livia）也常生活在車站和公園。

法國飼養的鳩類十分優良，尤其是布雷斯（Bresse）產的，讓人感覺猶如家禽類之王般的美味，然而野生金背鳩又略勝一籌。

鳩類雖然體型小，然而光是胸肉就分量十足，而且運動量大的野生種，比飼育種的胸肉還厚兩倍。隆冬之際是牠們脂肪含量最多、最肥美的季節。牠們和鴨類不同，年齡大小並不太影響美味度。牠們的毛根很淺，所以好似用手就可以拔除般的輕鬆去毛。

鴿肉可烹調各種料理，除了適合搭配調拌油醋的輕爽沙拉外，採用重口味的傳統烹調法也很美味。

●材料（1人份）

金背鳩1隻／鹽、白胡椒、綜合香料各適量／燻製用櫻木碎柴適量／金背鳩蔬菜清高湯〔金背鳩骨5隻份、沙拉油適量、洋蔥1/3個、胡蘿蔔1/3條、芹菜1/3根、大蒜3瓣、百里香1～2根、月桂葉1片、白酒200cc、水適量〕／油醋醬汁（Vinaigrette sauce）〔第戎芥末醬1大匙、沙拉油270cc、紅葡萄酒醋1大匙、鹽、白胡椒各適量〕／包心菜1/4個／洋蔥1/2個／喜好的菇類適量／沙拉油適量／白酒、雞高湯各適量／皺葉萵苣（或喜愛的生菜葉）適量

●作法

燻製醃過的金背鳩

1 金背鳩去毛，切除頭、頸、前段翅膀和下截腳，從背部切開。內臟不用。
2 整塊肉塗上鹽、胡椒和綜合香料，放入冰箱冷藏醃漬一晚。
3 充分擦乾表面的水分，開始燻製。在能加蓋的鍋底放入燻製用櫻木碎柴和肉，開大火加熱，等冒煙時轉小火燻10～15分鐘，燻到肉上附著淡淡香味的程度。這時鳩肉大約熟至1/3的程度。

製作金背鳩蔬菜清高湯，完成醬汁

1 金背鳩骨剁碎，用沙拉油炒到呈恰當的色澤。
2 加入切成1.5cm小丁的洋蔥、胡蘿蔔、芹菜、大蒜、百里香和月桂葉，充分拌炒。
3 加入白酒一口氣煮至沸騰，等煮到剩1/3量時，加入剛好能蓋過材料的水，繼續以小火沸煮到充分釋出味道。
4 用網篩過濾鴨骨，用力碾壓瀝出蔬菜清高湯。
5 製作油醋醬汁。一面慢慢將芥末醬加入沙拉油中，一面充分混拌，再加紅葡萄酒醋、鹽和胡椒調味。
6 將金背鳩蔬菜清高湯和油醋醬汁，以1：4的比例混合（圖**1**）。

製作熱沙拉後盛盤

1 將切大塊的包心菜、切片的洋蔥，及分成數小株的香菇用沙拉油拌炒，加入白酒後煮乾，再加入剛好能蓋過材料的雞高湯，煮到材料變軟為止。
2 材料煮柔後，加入撕成不同大小的皺葉萵苣，大略調拌均勻。
3 用油醋醬汁、鹽和胡椒調味（圖**2**）。
4 燻好金背鳩放到已加熱沙拉油的平底鍋中，煎至五分熟。
5 胸肉剔除骨頭後縱切成2等份，為方便食用，腿肉也剔除骨頭。
6 在盤中鋪上**3**，盛入**5**，再淋上醬汁。醬汁量太多味道會重，大約只要能塗在肉上的分量就夠了。

＊熱沙拉的分量是4人份。

能突顯金背鳩風味令人震撼的美味醬汁。

迅速拌炒，以免萵苣失去爽脆感。這次菇類是使用鴻禧菇。

燻烤金背鳩排　佐配沙拉

Pigeon sauvage légèrement fumé à la maison et salade tiède

烤山鷸　佐配內臟熬製的醬汁

Bécasse rôtie accompagnée d'une sauce préparée avec ses entrailles

山鷸 Bècasse

日本能合法獵捕的鷸類包括山鷸和田鷸兩種。田鷸太小，所以野味料理主要是利用山鷸，但其數量不多，所以不易購得。

當我在阿比修斯餐廳工作時，手邊蒐購的日本山鷸，僅有10隻左右。在法國被譽為野鳥之王的山鷸，如今也已禁獵，現在我從食材公司購買的山鷸，大部分是從蘇格蘭進口的。

山鷸的內臟具有獨特的風味。因此整隻連內臟的新鮮狀態，是烹調時的必備條件。此外其腦髓也很美味，所以盛盤時的特色是，一定會附上連著長嘴的頭部。

骨頭熬煮的山鷸蔬菜清高湯中，加入除腸子之外的其他內臟碾碎的泥，即完成醬汁。這種醬汁的獨特處在於，吃了之後不覺得美味的人，至少也不會覺得難吃。

烹調山鷸時，除了搭配這種樸素的山鷸蔬菜清高湯製作的醬汁外，其他的我一概不考慮，因為加入蔬菜清高湯以外元素的醬汁，都會破壞山鷸原有的獨特風味。

山鷸極為珍稀，所以價錢也頗昂貴，但是這種野味只要是料理人，絕對都應該品嘗一次。

1 為避免鳥嘴焦掉，將它刺入身體中加以保護。

2 已分切去骨後的情形，肉靜置備用。

3 也可以一面以雞高湯調拌，一面搗成泥。

4 一直煎到呈漂亮的色澤。

5 山鷸味道已充分釋出。

6 用湯匙一面按壓，一面過濾。

7 加入內臟後能散發獨特的香味。

●材料（1人份）

山鷸1隻／鹽、白胡椒各適量／無鹽奶油、沙拉油各適量／配菜〔包心菜、舞茸、洋蔥、無鹽奶油、白酒、雞高湯、煮栗子、鹽、白胡椒各適量〕／洋蔥、胡蘿蔔、芹菜、大蒜、百里香、月桂葉各少量／雞高湯150cc

●作法

烤山鷸

1 山鷸去毛，剔除腸子，切除前段翅膀和爪尖。
2 保留頭部，將長嘴刺入頸下，腳部用棉線綑綁，撒上鹽和胡椒。
3 在鍋中加入能淹至山鷸一半高的奶油和沙拉油，開火加熱，將2的表面炸至上色，然後放入200度的烤箱中，烤至五分熟（**圖1**）。

製作配菜

1 包心菜切大塊，舞茸分成小株，洋蔥切薄片，用奶油拌炒到軟，但不要炒到上色。
2 等材料變透明後，加入剛好能蓋過材料的白酒，充分熬煮。
3 再加入能蓋過食材的雞高湯燉煮，加入煮栗子混合後，加鹽和胡椒調味。

用山鷸內臟製作醬汁

1 切下烤好的山鷸肉。切除頭部，胸肉和腿肉剔除骨頭，將肉放在溫暖處保溫備用（**圖2**）。
2 取出內臟，剔除胃部。除胃部以外的內臟（心臟、肝臟、鴨胗等）放入研缽中搗碎（**圖3**）。
3 骨頭剁碎，將烤好的山鷸放入鍋中，加入奶油和沙拉油香煎（**圖4**）。
4 加入切成1cm小丁的洋蔥、胡蘿蔔和芹菜、大蒜、百里香、月桂葉繼續拌炒，再加入加熱過的雞高湯，煮到釋出山鷸的味道後過濾（**圖5、6**）。
5 加入**2**迅速煮開，加鹽和胡椒調味，再過濾一次。如果山鷸的味道太濃，可以加白酒和雞高湯稀釋，相反的若太淡，可以加入少量煮焦的奶油液調味（**圖7**）。
6 胸肉切片，腿肉剔除膝蓋以下的骨頭。頭部對剖。
7 在盤中鋪上配菜，盛入**6**即可上桌。

＊煮栗子的作法和第11頁「香烤小水鴨 佐配煮栗子」相同。

Chevreuil

分布在日本的日本鹿，共有北海道的蝦夷鹿、本州的本州鹿，以及四國、九州的九州鹿等七種亞種。Joel Robuchon先生曾表示，日本鹿雖美味，但是味道太淡，總讓人覺得有點不滿足。

日本鹿和棲息在歐洲的麅鹿、紅鹿、黇鹿比較起來，或許欠缺鮮明的特色，但牠十分美味，大眾都很容易接受。

體型較大的蝦夷鹿雖然較易購買，但近來本州鹿流通的量有慢慢趕上之勢。牠們的味道差別不同，若真要區別，蝦夷鹿的脂肪較多，肉味也較濃。我個人覺得牠比本州鹿美味。

雌鹿和雄鹿比較起來，雌鹿的肌肉纖維較細緻，明顯比雄鹿美味。二、三歲的幼鹿肉質狀況最佳，過了這個年紀後，肉就會慢慢變硬。長著華美鹿角的雄鹿，看起來儘管很漂亮，但卻不夠格作為食材。

鹿是很膽小的動物，一發子彈若沒成功擊斃，或許是痛苦使血中產生毒素，這時牠的肉會散發如同廉價肝臟般的味道和臭味。如果，你所吃的鹿肉有這種味道，很可能就是因為這個緣故。

比起里脊肉和菲力肉，我個人較偏好味道較濃的腿肉，正統的作法是腿肉煎過後，佐配黑胡椒風味的普瓦法蘭醬汁（poivrade Sauce）。以鹿骨、碎肉熬製的鹿蔬菜高湯和鹿蔬菜清高湯，是製作醬汁不可或缺的材料。如果整頭購入，美味的肝臟、腎臟和心臟等，都能製成珍貴的料理。

鹿肉和酸甜的水果風味十分合味，我在阿比修斯餐廳時，會將葡萄連皮用果汁機攪爛，加入普瓦法蘭醬汁中。而這裡的料理我是採用芒果，另外西洋梨也和鹿肉特別合味。

另外多說一點，鹿的毛皮並不適合用來當作墊子。因為鹿毛是中空的，若走在上面毛就會折斷，最後弄得到處都是毛。

●材料（4人份）

鹿蔬菜高湯〔野豬骨、筋膜和碎肉、洋蔥、胡蘿蔔、芹菜、百里香、月桂葉、紅酒、沙拉油、番茄糊、番茄〕／蜜漬芒果〔芒果5個、水1L、白砂糖300g、檸檬汁、檸檬薄片各適量〕／鹿里脊肉8片／鹽、白胡椒、無鹽奶油、沙拉油各適量

●作法

製作鹿蔬菜高湯和蜜漬芒果

1. 鹿蔬菜高湯和第20頁「野豬蔬菜高湯」作法相同，事先熬煮備用。
2. 製作蜜漬芒果。去皮芒果和剩餘的材料放入鍋中，開火加熱，約煮10～15分鐘。
3. 鍋子直接靜置待涼，放入冰箱冷藏一晚後再使用（**圖1**）。

香煎鹿肉並製作醬汁

1. 在切成1.5cm厚的鹿里脊肉上撒上鹽和胡椒，用各半量的奶油和沙拉將肉煎至五分熟（**圖2**）。
2. 將400cc的鹿蔬菜高湯煮成剩1/4量左右，過濾後加入已打成糊的蜜漬芒果中調成適當的口味，加鹽和胡椒調味後，再加少量奶油調勻。
3. 在盤中鋪上醬汁，排放上鹿肉後，再放上切片的蜜漬芒果。

醃漬液要充分混合後再使用。

這道料理是使用伊豆產的本州鹿。

香煎鹿里脊肉　芒果風味

Noisettes de chevreuil poêlées à la mangue

烤野兔背肉　蘋果風味

Râble de lièvre rôti parfumé à la pomme

野兔 Lièvre

對我而言，野兔能和野豬、小水鴨和鷸鳥並列為三顆星等級的野味。相對於被家畜化的穴兔，已變成味道清淡的白肉家兔，野兔仍具有深黑的紅肉，味道濃郁，保有野生鳥獸特有的野性肌肉。

在日本，除沖繩以外，本州以南的全國各地皆可見野兔蹤跡，大型雪兔則分布在北海道和山形以北的本州地區。

和群居生活的穴兔不同，多數野兔都單獨行動，不會群聚在一起。牠們有強烈的地盤觀念，平均一公頃的土地只棲息一隻野兔。

據我的調查，野兔平均壽命大約4、5歲。從牠們的耳朵能夠了解年齡，摸起來柔軟的年紀較輕，僵硬的則是老兔。

牠們的聽覺十分敏銳，常注意聆聽聲音，從脫兔這樣的形容詞，即可得知牠們逃跑的速度極快。牠們是夜行性動物，白天會躲藏起來。想以步槍射擊相當困難，所以主要都是設陷阱或以散彈槍捕獵。

用陷阱捕捉的野兔，不會像傷鹿那樣肉質變得有臭味，而且較年老的個體也十分美味。

進口的外國產野兔先不論，日產的新鮮野兔首先要去除毛皮上的壁蝨。接著剝皮、分解。背肉帶骨先烤過。正因為牠跑得快，所以腿肉分量十足，比背肉味道更鮮美濃郁。兔骨和碎肉可用來製作兔蔬菜高湯和蔬菜清高湯，但內臟有罹患傳染病的風險，並不建議使用。

前面我曾說過野味不適合製作燉煮料理，然而「皇家野兔（lièvre à la royale）」卻是其中的例外，它是著名的傳統料理，非常的美味。

烹煮野兔時紅酒選擇十分重要，要呈現高雅的風味時可選用法國勃艮地產的，想呈現極濃郁的美味時，可選用卡奧爾（Cahors）產的。接著燉煮時間也很重要，煮太久肉質會變得乾硬，鮮味全部釋出。若想保有野兔的原味和豐潤的肉質，最好用小火約煮40分鐘即可。

1 收集許多兔骨時，便放入烤箱烘烤。

2 為避免薄、小的菲力肉過熱，用兔皮包裹。

3 加入的果醬，以不讓醬汁太甜或太酸的程度最適量。

4 用葡萄酒熬煮的蜜漬蘋果要軟，但也要保留適度的口感。

●材料（2人份）

野兔1隻／野兔高湯〔野兔骨，筋膜和肉屑、洋蔥、胡蘿蔔、芹菜、百里香、月桂葉、紅葡萄酒、沙拉油、番茄糊、番茄〕／蜜漬蘋果〔紅玉蘋果5個、白酒1L、白砂糖250g、檸檬汁適量〕／蘋果果醬〔紅玉蘋果、白砂糖、檸檬汁各適量〕／鹽、白胡椒各適量／無鹽奶油、沙拉油各適量

●作法

分切野兔，製作蔬菜高湯

1 野兔先切下前腳的腳爪。拉起身體正中央的皮，不要切到裡面的薄皮，輕輕地畫開一圈。如果切到薄皮就會弄得到處都是血，甚至掉出內臟，這點請注意。
2 從兩側拉開皮，將皮剝除。
3 從腹側尾部切開表面的薄皮，將肌肉分開取出腹部所有的內臟。
4 切除頭部，分別剔除背肉、腿肉和前腳的筋膜。
5 以第20頁「野豬蔬菜高湯」相同的作法，將剩下的骨頭、筋膜和碎肉熬製野兔蔬菜高湯備用（**圖1**）。

製作蜜漬蘋果

1 蘋果去皮，切成一半，剔除果核，和剩餘的材料放入鍋中開火加熱，一直煮到變軟為止。
2 鍋子靜置待涼，放入冰箱冷藏兩天後才使用。

製作蘋果醬

1 紅玉蘋果帶皮，去除果核，放入果汁機中攪打成泥。
2 將1放入鍋中，加入適量的白砂糖和檸檬汁熬煮。煮成漂亮的粉紅色果醬即完成。

烤野兔，製作醬汁

1 用較薄的背肉包裹住菲力肉，用棉線綁好整形，和腿肉一起撒上鹽和胡椒（**圖2**）。
2 在鍋子放入各半量的奶油和沙拉油加熱，將**1**的表面炸至焦黃，再放入200度的烤箱中烤到五分熟。
3 將200cc的野兔蔬菜高湯煮成剩1/3量左右，加入蘋果醬、切小丁的蜜漬蘋果，再加鹽和胡椒調味（**圖3、4**）。

盛盤

1 如同用湯匙刮取般，將野兔背肉從骨頭上取下，腿肉也從骨頭上卸下。
2 將**1**切薄片，排放在盤中，淋上醬汁即可上桌。

野豬 Marcassin

在法國，出生後未滿六個月的仔野豬稱為「marcassin」，成熟的野豬則叫「sanglier」，其中70公斤以下的仔母豬肌肉纖維柔軟，最適合用來製作野味料理。此外，身體還有西瓜花紋的幼豬的味道太淡，而100公斤以上的公野豬的肉質又太硬。

日本野豬分布在北海道以外的全國各地。在沖繩有稱為琉球野豬的亞種，雖然體型很小但超級美味。由於運送很花時間，目前只有冷凍商品販售。而且運費十分昂貴，想普及化仍是遙不可及的夢想。

單獨一人無法獵捕野豬，大部分都必須編成小隊，帶著獵犬大規模的圍捕。捕獲的獵物當場就會讓血流出，取出內臟，老練的獵人，一頭野豬只需20分鐘就能解體。為避免寄生蟲危害身體，野豬內臟購得後，一定要充分加熱烹調。

野豬雖然是肉豬的原種，但肉質完全不同。肉色相當紅，充滿了嚼感和鮮味。和肉豬一樣各部位可分別料理，尤其是優質脂肪具有濃郁的美味，五花肉、小排骨更是絕品。

柔軟的部位可用燒烤或油煎方式來烹調，較硬的部分可用來製作肉派（terrine）等。搭配的醬汁也五花八門，不論紅或白酒都很合味，這次佐配的是普瓦法蘭醬汁的變化版，散發琴酒風味的個性醬汁。其中不加血，且以杜松子代替黑胡椒。

但是，目前市面上流通的野豬中，有些是捕獲小野豬後以人工方式養大的半養殖種，也有些是和肉豬交配所生的雜種野豬。

相對於脂肪率只有5%的真野豬，雜種野豬則有30～40%。所以烹調時要充分了解後再使用，真野豬和雜種野豬的風味截然不同。

這次使用的野豬里脊肉是丹澤產的小母豬。

●材料（4人份）

野豬蔬菜高湯〔野豬骨、筋膜和碎肉、洋蔥、胡蘿蔔、芹菜、百里香、月桂葉、紅酒、沙拉油、番茄糊、番茄〕／肉上的材料〔菇類（舞茸、香菇、雞油菌、鴻禧菇等3、4種混合）400g、洋蔥100g、杜松子適量、無鹽奶油適量、鹽、白胡椒各適量、荷蘭芹碎末少量〕／鮮奶油煮洋蔥〔洋蔥2個、無鹽奶油適量、白酒適量、雞高湯適量、鮮奶油適量、鹽、白胡椒各適量〕／仔野豬里脊肉8片／鹽、白胡椒各適量／無鹽奶油、沙拉油各適量／杜松子10粒／琴酒適量／紅酒200cc／煮栗子8個

●作法

製作野豬蔬菜高湯

1 野豬骨和筋膜切小塊，洋蔥、胡蘿蔔和芹菜切成2cm小丁。
2 在不鏽鋼鍋中，放入**1**、百里香、月桂葉和紅酒，放入冰箱冷藏醃漬一晚。
3 將野豬骨、筋膜和蔬菜從醃漬液中取出，瀝除水分，分別用沙拉油炒香。
4 在鍋裡放入**3**，倒入醃漬液，加入番茄糊和切塊番茄。如果湯汁不夠可加入紅酒（分量外）補足，開火加熱，熬煮到剩1/3的量。
5 等味道充分釋出後，高湯過濾備用。

準備肉上的材料

1 菇類和洋蔥切末。菇類和洋蔥分量是4比1。
2 杜松子切碎。因為它的皮是軟的，裡面是硬的，所以要用刀充分將其剁碎。最恰當的分量是1個洋蔥約加10粒杜松子。
3 鍋裡加熱奶油，拌炒到洋蔥變軟，再加菇類炒到散發香味。
4 繼續加入杜松子拌炒，加鹽和胡椒調味，加入荷蘭芹大略調拌即可。

製作鮮奶油煮洋蔥

1 洋蔥切薄片，用奶油炒到變軟，但不要炒焦變色。
2 等洋蔥變透明後，加入剛好能蓋住洋蔥的白酒，充分熬煮。
3 加入剛好能蓋住材料的雞高湯燉煮，混入鮮奶油後，加鹽和胡椒調味。

炸肉，製作醬汁

1 將里脊肉切成小塊，兩面撒上鹽和胡椒，在鍋裡加入奶油和沙拉油各半量，炸至五分熟。上面再放滿菇類。
2 製作醬汁。將大致切碎的杜松子，用各半量的奶油和沙拉油稍微拌炒。
3 加入30cc琴酒，煮開後再加入紅酒，熬煮到剩1/3的量。
4 加入400cc的野豬蔬菜高湯，一面熬煮，一面讓杜松子風味釋入醬汁中。
5 最後加入少量琴酒讓香味更明顯，過濾後加鹽和胡椒調味。
6 在盤中鋪上鮮奶油煮洋蔥，放上**1**，在周圍淋上**5**，再放上煮栗子。

＊野豬蔬菜高湯材料的分量，若使用脛肉，少量就能熬出好高湯，依據使用的骨頭種類、筋膜和肉的分量等，會有不同的情況，所以在此不標明。請各位依材料狀況，自行調整運用。

＊以第11頁「香烤小水鴨　佐配煮栗子」相同作法，製作煮栗子。

圖中最右邊是琴酒風味的杜松子，雖然是搭配變化版的醬汁，但和野豬肉十分合味。

香煎野仔豬里脊肉　杜松子風味

Noisettes de marcassin poêlées au genièvre

鮮奶油煮洋蔥在煮之前加入白酒，洋蔥會保有清脆的口感。肉、醬汁和洋蔥三者完美融合為一盤。

傳承老師對野味的用心

多年來，皆良田主廚在高橋德男主廚的薰陶下，累積了深厚的野味料理經驗，在老師的建議下，於七年前取得狩獵許可證，成為大田區獵友會的成員。在狩獵季每週末都會前往丹澤，獵捕野豬和鹿等。

行動派料理人皆良田主廚，一面和師父一起切磋學習，一面推出許多新的野味料理。不論是神田Pas mal餐廳專賣的派和高湯，或是阿比修斯餐廳的拿手料理義大利餃中，都濃縮了他想「傳達的美味」。

Pas mal
皆良田 光輝

Kouki Kairada

1964年出生，長於橫濱。20歲踏入法國料理界。在銀座的「山和」餐廳學習傳統法國料理，因嚮往新式烹調法進入「阿比修斯」餐廳。雖然一直想前往法國深造，然而卻一直離不開能學到最新烹調技術的廚房，一晃眼已過了13年。99年「Pas mal」開店時，即為高橋主廚的得力助手。他的興趣是海釣和狩獵。這兩項興趣都源於他想實地看看食材產出的現場，他表示與其說是想體驗生食這樣的飲食原點，倒不如說是為了想烹調出更美味的野味料理。

綠雉肉丸湯　香草風味
Consommé de faisan aux fines herbes

綠雉具有獨特的香味。主廚希望將這種香味轉換成鮮味。尤其是老師高橋主廚覺得它「太清淡」，不是理想的野味，因此主廚希望用它挑戰製作清湯，完成豪華的料理。

如果依循燉煮料理的法則，應該要長時間燉煮才能讓綠雉風味釋出。不過，綠雉如果燉煮超過時間，風味就會喪失殆盡。因此主廚表示烹調的重點是，當散發出綠雉風味時，短時間內就要烹煮完成。

肉丸中主廚也費了點工夫，讓它散發杏仁的獨特香味。

完成後這道散發豐富香味的高雅肉丸湯，連高橋主廚也覺得相當成功。

作法請見第24頁

本次使用的野味
- ◆長野縣飯山的綠雉
- ◆神奈川縣丹澤宮瀨的本州鹿
- ◆長野縣上田的野豬
- ◆茨城縣的小水鴨和花嘴鴨

綠雉肉丸湯　香草風味

●材料（4～5人份）
綠雉高湯〔綠雉骨2隻份、沙拉油適量、水2.5L、洋蔥100g、大蒜2片〕／綠雉腿肉2隻鳥的份／綠雉胸肉1.5隻份／洋蔥30g／胡蘿蔔10g／芹菜20g／大蒜1片／鹽、粗粒黑胡椒、白酒各少量／蛋白1～1.5個份／綠雉肉丸（quenelle）〔綠雉胸肉1片、馬鈴薯適量、山蘿蔔1/2盒、杏仁碎粒20g、蛋白少量、鹽、白胡椒各適量〕／山蘿蔔、龍蒿、細香蔥、荷蘭芹、蒔蘿各適量

●作法
製作綠雉高湯
1 綠雉骨剁碎，攤放在塗了少許沙拉油的烤盤上，放入180～200度的烤箱中烤成焦黃色，再取出放入鍋中。
2 加入水、切片洋蔥和對剖的大蒜，一面撈除表面的浮沫，一面燉煮一小時，然後暫放備用。

製作清燉綠雉湯（consomm）
1 去皮腿肉和胸肉用刀剁碎。
2 將洋蔥、胡蘿蔔、芹菜、大蒜都切成小丁。
3 在鍋裡放入**1**、**2**、鹽、黑胡椒粒、白酒和蛋白，充分攪拌均勻。
4 再一點一點慢慢加入1L的綠雉高湯混合。
5 開中火加熱，一面慢慢從鍋底混拌，一面加熱。等溫度升至指頭無法承受的溫度時，轉極小的火，燉煮約40分鐘。
6 熄火，等配料沉澱後用布過濾。
7 再撈除一次浮沫雜質和浮油。
8 等變涼後放入冰箱冷藏一天，將浮油徹底撈除乾淨。

製作綠雉肉丸
1 將去皮的胸肉放入食物調理機中攪成絞肉。
2 將用烤箱烤過的連皮馬鈴薯去皮，用叉子壓碎，取**1**的一半量，加入切末的山蘿蔔，烤香的杏仁碎粒、蛋白、鹽和胡椒充分攪拌均勻（圖）。
3 用湯匙將餡料舀成圓形，放入綠雉高湯中煮熟。

盛盤
1 加熱綠雉清湯，只用鹽調整味道，再加入切碎的各種香草。
2 等肉丸浮起後即可上桌。
＊在擀薄的派麵團中，塗上加水打散的蛋黃液，撒上帕梅善起司粉和紅辣椒粉後，烤成長條餅，上桌時一併附上。

馬鈴薯具有黏合作用。杏仁使肉丸散發獨特的香味和口感。

馬鈴薯和韭蔥濃湯　綠雉香味

Crème de pomme de terre et de poireau parfumée au faisan

這是利用綠雉高湯和肉丸製作的另一道湯料理。在冬季，主廚試著將維琪奶油冷湯（vichyssoise）製成熱湯。

韭蔥保留一半的量不要燉煮，用淡鹽水煮過後，在高湯完成後才加入，這樣同時能享受它清脆的口感。

如果獵人沒有妥善處理綠雉，肉中會迅速瀰漫排泄物的臭味。常前往打獵的皆良田主廚認識許多的獵人，這次使用的是在信州飯山擊落的綠雉，當場立刻取出內臟，一面將雪塞入腹部加以冷卻，一面放血，之後隨即運往東京。這樣處理過的綠稚，當然沒有絲毫臭味，保持相當新鮮的狀態。

●材料（4～5人份）

馬鈴薯200g／洋蔥30g／韭蔥200g／無鹽奶油適量／綠雉高湯1L／鮮奶油少量／鹽、白胡椒各適量／綠雉肉丸12～15個／細香蔥少量

●作法

用綠雉高湯燉煮蔬菜

1 馬鈴薯、洋蔥、韭蔥全切成1cm的小丁。

2 用奶油將馬鈴薯、洋蔥和100g韭蔥炒到變軟，加入綠雉高湯燉煮。

3 剩餘的韭蔥用淡鹽水煮熟。

4 在**2**中加入鮮奶油，加鹽和胡椒調味，放入**3**煮開一下。

5 將高湯倒入放有肉丸的湯盤中，讓肉丸浮起，再撒入切長截的細香蔥。

義大利餃和派一樣屬於包餡料理，它的魅力在於，用刀切開的瞬間立即能聞到撲鼻的芳香。正因為餡料從外表看不到，所以要特別仔細製作，將鮮味鎖在裡面。另外為了讓餃子皮也有滋味，麵團經過充分揉搓十分Q韌有彈性。

自阿比修斯餐廳以來，義大利餃就一直是高橋主廚的拿手料理。滿滿一盤大型義大利餃，一盤共裝5種口味，儘管製作起來十分辛苦，甚至連皆良田主廚都大喊吃不消，但卻引起顧客相當大的回響。

主廚這次是組合鹿、野豬和鴨三種口味的肉餃，並且分別搭配不同的香草，以突顯不同的風味，一盤就讓人有三重享受。

3種義大利餃　佐配3種蔬果泥

Trois sortes de raviolis accompagnés de trois diverses purées

在鹿肉餡料中，加入肉量三成左右的蔬菜量混合。

加入鹿肉餡料中的洋蔥，因為炒過後會太甜，所以用鹽水汆燙即可。

在野豬肉餡中，加入肉量三成左右的菇類。

將3種肉餡弄成球狀，放在麵皮上。

用比餡料大上一圈的模型切割下來。

●材料（4人份）

醬底〔橄欖油適量、洋蔥300g、胡蘿蔔200g、大蒜1球、紅葡萄酒醋10cc、紅酒2L、芹菜100g、粗粒黑胡椒、百里香、月桂葉、鹽各少量、帶筋的鹿骨700g、小牛肉高湯1.3L〕／義大利餃麵團〔高筋麵粉100g、鹽2g、水、橄欖油各10cc、全蛋1個〕／鹿肉餡〔鹿肉、洋蔥、蘑菇、胡蘿蔔、芹菜、蕪菁、無鹽奶油、百里香、鹽、白胡椒各適量〕／鴨肉餡〔鴨胸肉、洋蔥、細香蔥、鹽、白胡椒各適量〕／野豬肉餡〔仔野豬肉、蘑菇、舞茸、法國杏鮑菇、無鹽奶油、龍蒿、鹽、白胡椒各適量〕／奶油醬汁（Supreme sauce）〔濃的雞蔬菜清高湯（jus de volaille）500cc、蘑菇5個、鮮奶油、鹽、白胡椒各適量〕／紅酒200cc／無鹽奶油適量／鹽、白胡椒各適量／橄欖油適量／栗子泥、根芹菜泥、蘋果泥各適量

●作法

準備醬底

1 用稍多的橄欖油拌炒切成2cm小丁的洋蔥、胡蘿蔔、對剖的大蒜，等炒至半熟時加入紅葡萄酒醋，用小火煮到酸味揮發。
2 加入紅葡萄酒，煮沸後熄火待涼。
3 在**2**中，加入切成2cm小丁的芹菜、黑粒胡椒、百里香、月桂葉和鹽混合，再放入切成適當大小的鹿骨和筋膜，放入冰箱冷藏1～2天醃漬。
4 將醃漬液、蔬菜類、骨頭和筋膜分開。
5 在塗了橄欖油的烤盤上，放上骨頭和筋膜烤成恰當的烤色。
6 用平底鍋拌炒蔬菜類。
7 在鍋裡放入**5**、**6**和醃漬液熬煮。
8 等湯汁煮到剩1/3量時，加入小牛肉高湯，一面撈除表面的浮沫，一面繼續熬煮。
9 過濾後即完成醬底。

製作義大利餃麵團

1 用手充分混拌麵團的材料，混勻後用保鮮膜包住麵團讓它鬆弛，等麵團反潮時取出繼續揉搓。重複這樣的步驟，直到麵團產生麵筋變得Q韌。

製作3種口味的肉餡

1 鹿肉剔出筋膜，用刀細細地剁碎。
2 準備等量的洋蔥和香菇，胡蘿蔔、芹菜和蕪菁則是洋蔥一半的量，細細剁碎後用奶油拌炒變軟，取出待涼。
3 在**1**中加入**2**、百里香葉、鹽和胡椒充分混拌（**圖1**）。
4 去皮、剔除筋膜的鴨胸肉，以和步驟**1**相同的方式剁碎。
5 洋蔥切末，用較鹹的鹽水迅速汆燙。
6 在**4**中混入**5**和剁碎的細香蔥、鹽和胡椒（**圖2**）。
7 野豬肉以和步驟**1**相同的方式剁碎。
8 將等量的香菇、舞茸和法國杏鮑菇細細剁碎後，用奶油拌炒變軟，再放涼。
9 在**7**中混入**8**、剁碎的龍蒿、鹽和胡椒（**圖3**）。

包義大利餃並將其煮熟，製作醬汁

1 義大利餃麵團用擀通心麵機慢慢擀開，擀成約1mm厚的薄麵皮。
2 用毛刷將水塗在麵皮上，上面間隔放上20g的餡料（**圖4**）。
3 從上面再上1片麵皮，讓兩片麵皮緊密貼合，用模型切割下來（**圖5**）。
4 製作奶油醬汁。在雞蔬菜清高湯中，加入用手捏碎的香菇，湯汁熬煮剩1/3的量。
5 再加入剩餘量一半的鮮奶油，繼續熬煮，加鹽和胡椒調味後過濾。
6 將紅酒充分熬煮，加入150～200cc的醬底熬煮，加奶油煮融後，加鹽和胡椒調味。
7 在加入橄欖油的沸水中，放入**3**約煮2分鐘。
8 將**7**從沸水中撈起後，放入**4**中沾上醬汁，再放入鋪了**6**的盤子裡，最後裝飾上3種蔬果泥即完成。

＊栗子泥的作法是，用豬油拌炒已剝除澀皮的栗子，再加入高湯和少量豬油燉煮變軟後，用果汁機攪打成泥，再加鮮奶油、鹽和胡椒調味。
＊根芹菜泥的作法是，根芹菜放入加鹽和檸檬汁的沸水中煮熟，乾煎至水分揮發後，放入果汁機中攪打成泥，再加鮮奶油、鹽和胡椒調味。
＊蘋果泥的作法是，用奶油拌炒去皮的紅玉蘋果，蘋果皮剁碎後再加入，加白砂糖和檸檬汁調味。最後用果汁機攪打成泥。

包鹿肉、心和肝內餡的派
佐配杜松子風味醬汁

Abats de chevreuil en croûte, sauce au genièvre

神田的Pas mal餐廳的派，是以外賣為前提所設計的，為了讓它在2天內不變味，當初設計可說煞費苦心，然而野味餡料的派，追求的是剛出爐的瞬間美味，所以要小心絕對不可加熱過度。他們希望顧客先品味到香味，其次是它切面的層次美感。

鹿肉是使用腳尖等部位，一些較難作為料理主角的碎肉，分量就已足夠。和製作肉派（terrine）一樣，一面重疊蔬菜、鹿心和鹿肝時，要注意切面餡料的美感。

醬汁是佐配和鹿肉最對味的正統普瓦法蘭醬汁的變化口味，以杜松子取代其中的黑胡椒。

常前往丹澤打獵的皆良田主廚，這次也是使用丹澤宮瀨捕獲的鹿肉。鹿隻狩獵後，最重要的是迅速取出內臟，主廚表示若放著不處理，鹿的肚子裡會充滿毒氣，毒氣的熱度能使菲力肉變熟。捕獲時，最好肝臟和心臟也能夠立刻放血。

作法請見第31頁

包仔野豬肉和杏桃內餡的派
佐配金巴利風味醬汁
Feuilleté de marcassin et d'abricots, sauce à la liqueur CAMPARI

運用洋酒製作派，是皆良田主廚在阿比修斯餐廳學到的工夫，同時他還學到法國料理的精髓——分別運用酒、油和醋。

他念念不忘高橋主廚製作的鰻魚，以及巴金利酒烹調料理的美味，打算自己也要用酒試做看看。這道料理充分實現了他的願望。

金巴利酒隱隱的苦味和甜味，與野豬肉完美交融在一起。

儘管風味十分個性化，但原料的組合和烹調方式都遵照基本原則。

作法請見第30頁

包鹿肉、心和肝內餡的派
佐配杜松子風味醬汁

●材料（2人份）

鹿肉160g／蘑菇、法國杏鮑菇各10g／無鹽奶油適量／馬鈴薯10g／蛋黃1個份／鹽、白胡椒各適量／鹿心、肝各20g／胡蘿蔔、芹菜、四季豆各10g／無糖薄餅20cm圓片2片／派麵團適量／打散的蛋汁適量／醬底100cc／杜松子粉1小撮／綠蘆筍2根／小洋蔥2個／迷你胡蘿蔔2根／蕪菁1個／奶油醬汁適量

●作法

用派麵團包鹿肉餡

1 用絞肉機將鹿肉絞成絞肉。香菇、法國杏鮑菇大致切碎，用奶油拌炒後放涼。

2 將用烤箱烤過以叉子壓碎的連皮馬鈴薯、蛋黃、鹽和胡椒，放入鹿肉中充分攪拌均勻，再加入菇類混勻。

3 鹿心和鹿肝撒上鹽和胡椒，用奶油將表面煎成焦黃色。

4 胡蘿蔔、芹菜和四季豆切成相同大小，全部用鹽水汆燙。

5 在保鮮膜上，將**2**堆放成長橢圓形，整齊的排放上**3**和**4**，再蓋上剩餘的**2**後修整形狀。

6 用薄餅包住**5**，這麼做是為了避免派滲出水分。

7 在擀成1.5cm薄，切成10×5cm大小的派麵團中央，放上**6**，周圍塗上打散的蛋汁。

8 上面再蓋上大一圈的派麵團，然後緊密的包裹起來。

9 用剩餘的派麵團做裝飾，在整體上塗上打散的蛋汁，放入200度的烤箱中約烤20分鐘（圖）。

製作醬汁後盛盤

1 熬煮醬底，加奶油煮融後，加杜松子粉、鹽和胡椒調味。

2 蔬菜用鹽水汆燙後，放入奶油醬汁中調拌。

3 在盤中鋪入**1**，盛入切片的烤派，再放上**2**。

＊醬底和奶油醬汁，是使用和第27頁「3種義大利餃　佐配3種蔬果泥」相同的成品。

＊杜松子粉是等要使用前，才用刀將杜松子粒仔細剁碎成粉狀。

麵皮邊緣用刀背壓出圖樣。

包仔野豬肉和杏桃內餡的派
佐配金巴利風味醬汁

●材料（4人份）

蜜漬杏桃〔乾杏桃300g、白酒1瓶、白砂糖150g〕／仔野豬五花肉500g／鹽、白胡椒各適量／沙拉油適量／金巴利酒（Campari）800cc／洋蔥切丁200g／胡蘿蔔切丁100g／大蒜1/2球／芹菜切丁50g／百里香、月桂葉、粗粒黑胡椒各少量／小牛肉高湯500cc／派用的芹菜、胡蘿蔔各40g／無糖薄餅20cm圓片2片／派麵團適量／打散的蛋汁適量／醬汁〔金巴利酒200cc、野豬煮汁100cc、杏桃煮汁、檸檬汁、白酒、無鹽奶油、鹽、白胡椒各少量〕／奶油煎四季豆10根

●作法

製作蜜漬杏桃

1 在鍋中放入杏桃、白酒和白砂糖，將糖煮融化，杏桃煮軟。

2 靜置待涼，再放入冰箱冷藏保存。

用金巴利酒燉煮野豬肉

1 將肉切成10cm正方塊，撒上鹽和胡椒，用沙拉油將表面煎成焦黃色。

2 在鍋裡倒入金巴利酒。煮沸讓酒精揮發掉，再加入另外用沙拉油拌炒好的洋蔥、胡蘿蔔、大蒜，以及生的芹菜、百里香、月桂葉、黑胡椒和小牛肉高湯，一面撈除表面浮沫，一面燉煮。

3 等肉煮軟後撈出，煮汁過濾備用。

用派麵團包住肉和杏桃

1 將肉切成4cm正方塊。芹菜和胡蘿蔔也切成和肉相同的大小，用鹽水汆燙。

2 依照杏桃、肉、芹菜、肉、胡蘿蔔、肉、杏桃的順序，重疊七層，再用薄餅包住。

3 將派麵團擀成薄1.5cm，直徑8cm的圓片，在中央放上**2**，周圍塗上打散的蛋汁。

4 上面蓋上大一圈的派麵團，讓周圍緊密貼合。

5 在派上全塗滿蛋汁，周圍用刀背壓出圖樣（圖）。

6 放入200度的烤箱中烤20分鐘。

製作醬汁後盛盤

1 將金巴利酒充分熬煮，加入煮汁繼續熬煮。

2 加入杏桃煮汁、檸檬汁、白酒，鹽和胡椒調味，加入奶油煮融後即完成。

3 在盤中鋪入**2**，放上烤好的派，再配上奶油香煎四季豆和杏桃即完成。

外形修整為隆起的圓頂形。

PAS MAL

地址◆東京都港區六本木6-12-2けやき坂通り（keyaki坡道）
六本木ヒルズ（Roppongi hills）レジデンス（residence）B－3F
電話◆03-5770-8066
營業時間◆11時30分～14時（LO）、
17時30分～21時（LO）
例休日◆全年無休
午餐套餐◆2100日圓、3150日圓、4200日圓
晚餐套餐◆5250日圓、8400日圓、10500日圓

自左起分別為高橋總料理長、安達副料理長及皆良田料理長。

餐廳位於六本木hills內的閒靜處，店內能照進溫暖的陽光。

宮代 潔

KM

令人強烈震撼、終極經典 求道者的野味料理

Photo Touru Kurobe Text Komako Kamezaki

Kiyoshi Miyashiro

1951年生於神奈川縣二宮。77年前往法國，在「Vieilles Fontaines」、「Vivarois」、「Renaissance」、「L'espérance」等，包含三星級餐廳共12家店，鑽研學習約5年的時間。回到日本後，曾在「Marché du Matin」擔任主廚，87年3月在惠比壽南開設「KM」餐廳。03年秋天，遷移至代官山現址。自開店來的20年間，鑽研有成的技術及精緻的料理，牢牢抓住法國料理愛好者的心，是一家連專家都喜愛的成熟餐廳，在法國料理界有舉足輕重的地位。

在料理之路上努力求道，追求最極致美味的宮代主廚，是一位對烹調美學要求極嚴格的人。

每樣食材要如何烹調才最美味、最恰當，主廚會不斷自問自答，直到找出每個問題的終極答案。例如，油煎蝦夷鹿料理，一定要搭配狩獵風味醬汁（Grand Veneur sauce），烤鴨只能搭配血醬汁。除此之外，其他一概不予考慮。

主廚將種種選擇逐一刪除，找出自認為最適當的風味，這些料理也成為KM餐廳不變的經典招牌菜。

KM餐廳開業至今已20年，對於餐廳被批評墨守成規，菜色千篇一律並不在意，依然不改初衷持續提供不變的美味。這樣的態度散發著宗教信仰者般堅忍克己的精神。

雖說是由顧客選擇料理，但料理何嘗不也會選擇客人。省略一切多餘裝飾的宮代料理，看起來極為平淡樸素，但裡面卻蘊藏著強烈的震撼力。就算吃過的客人依然會感到驚豔，只要進入餐廳一次，通常都會迷戀上它的美味。

實際上，KM餐廳20年來已擁有不少死忠的顧客。他們不允許餐廳變換菜單，對於烤肉的火候、醬汁的微妙差異等，都會敏感的注意到。有時候他們也會被其他餐廳吸引，但最後一定會回來，認為KM仍是最美味的。受到這群挑剔的老顧客的支持，主廚只有以更精湛的廚藝回報。

在冬季，餐廳販售只有冬天才能嘗到的美味。

尊重當季才有的美味，是宮代主廚另一項烹調美學。在特定期間內才能吃到，可說是大自然恩賜的珍貴野味，主廚烹調時自然會以不同的心情，投注比平時更多的心力。

他希望製作出真正的野味料理，窮究野味的終極王道。

飼育的畜肉中缺少那份野性的力量，隱藏著魅惑力的野味與有震撼力的醬汁組合，更具加乘效果，所以宮代主廚的風格是將它們完美組合成一盤。

「鮮美的肉只需烤過就很美味，這或許沒錯。但在我看來，那只是名義上使用野味的料理而已。但若要追求野味的極致風味，該怎麼做的答案不是很顯而易見了嗎！」宮代主廚靜靜地微笑說道。

CUISINE FRANÇAISE KM

地址◆東京都澀谷區惠比壽西1-30-14-102
電話◆03-5784-5883
營業時間◆12時～14時（LO）
18時～21時（LO）
例休日◆週一
午餐套餐◆2300日圓（僅平日）
3700日圓、5300日圓、6800日圓
晚餐套餐◆6800日圓～10500日圓
尚有各式點菜

本次使用的野味

◆長野縣的綠頭鴨、綠雉
◆丹波篠山產的野豬（久松商店股份有限公司）
◆英國產的紅山鶉（北方快遞股份有限公司）

烤綠頭鴨　佐配野米

Colvert au sang et riz sauvage

這道是KM餐廳20年來不變的特製料理。作法是一隻鴨烤過後，從骨頭裡榨血，再混入醬汁中即完成。生鴨血和內臟雖有濃郁的腥味，但加熱後醬汁會神奇地變得芳醇鮮美，散發令人難以想像的高貴香味，如此的美味惟有野生鴨才能料理得出。這道料理能讓人充分體嚐鴨的醍醐味。當醬汁越來越濃，味道會變得越來越濃嗆，這時特色調味重點紅葡萄酒醋的酸味，正好能加以調和。儘管每位客人喜歡的鴨肉熟度不同，但據說老顧客都喜歡儘量烤嫩一點、然後充分靜置，讓熟度達到最佳的狀態。此外，料理中通常還會搭配烤腿肉，香煎內臟，上桌時還會另外附上沙拉作為配菜。 **作法請見第111頁**

葡萄葉包烤山鵪鶉
佐配香檳酒醋醬汁

Perdreau rôti au vinaigre de champagne

日本往年竹雞、小辮鴴（Vanellus vanellus）等小鳥數量繁多，但05～06年的產季時寒流來襲，餐廳無法購得這些野禽，於是改用進口山鶉。主廚表示小型野鳥容易烹調是其魅力之一。雖說是野生鳥禽，但白肉山鶉和山鷸等這些鳥類比較起來，味道清淡很多，而且皮薄脂肪又少，所以烹調上將葡萄葉的風味融入肉中，再佐配散發果香的香檳酒醋醬汁，便完成這道味道香濃的野味料理。山鵪鶉以葡萄葉、培根捲包再烘烤，是法國傳統料理最基本的作法。由於在日本很難買到葡萄葉，所以主廚向友人購買美製的鹽漬葡萄葉來完成料理。

作法請見第111頁

圖中是野豬五花肉和腿肉塊，販售時會切成這樣方便使用的大塊。

這裡使用的醬底，是製作野味料理時應該學會最基本的醬汁，從它可以變化出狩獵風味醬汁等各式醬汁。它不僅能佐配大型野味，連搭配鴨料理都很合味。具震撼力的肉適合搭配有衝擊力的醬汁，普瓦法蘭醬汁的特色是，充分散發與豬血完美融合的黑胡椒風味。腿肉較硬，所以醃漬後再燉煮。醋與葡萄酒以1：8的比例混合成的醃漬液，酸味較重。強酸能軟化肉質，之後花長時間慢慢燉煮。肉燉煮好後的過濾步驟，能使醃漬液中的酸味揮發，使醬汁產生能衝擊味蕾的震撼美味。

作法請見第110頁

燜煮野豬腿肉　佐配普瓦法蘭醬汁

Cuissot de marcassin sauce poivrade

佐配牛肝菌和栗子的燉野豬五花肉

Daube de marcassin aux cèpes et marrons

五花肉的脂肪相當鮮美可口，這盤料理主要想充分發揮它誘人的美味。切成大塊的肉以干邑白蘭地醃漬後再燉煮，最後加入牛肝菌和栗子即完成。牛肝菌香味和栗子甜味與五花肉完美融合為一體，再加上脂肪入口即化的美妙口感，形成醇厚獨特的滋味。栗子甜味較重，這次主廚是選用口感類似天津甜栗，不易煮碎的法國產冷凍栗。這是餐廳十年來持續推出的招牌料理，即使是剛接觸野味的人也能欣然品嚐。

作法請見第110頁

烤綠雉　佐配莎美斯醬汁

Salmis de faisan

餐廳一般都是隨客人的喜好，來調整野味的熟成度，然而只有綠雉，一定要先放置三個禮拜讓牠熟成。因為如果不夠熟，味道會太清淡，充其量只是「美味的鳥肉」而已。非得經過長時間熟成，才能表現綠雉原有的那種扣人心弦的香濃美味。當綠雉熟成到表皮也相當軟，瀰漫著濃郁的香味時，先用大火快煎，接著淋上干邑白蘭地加蓋，利用餘熱將葉形胸肉燜至半熟程度。如此一來，綠雉的熟成風味與干邑白蘭地相互交融為一體，散發出高雅迷人的風味。醬汁中加入和肉熟成度相同的肝臟，使它也展現濃郁、鮮美的獨特滋味。毫無疑問的這樣的烹調搭配，是綠雉成為經典料理的最佳組合。

作法請見第110頁

綠雉配斯米塔內醬汁

Faisan à la smitane

喜好綠雉的饕客中，有些人希望自己能獨享一隻。面對這樣的客人，主廚會在兩盤裡各放半隻綠雉，佐配不同的醬汁供應。目的是運用兩種醬汁，引出綠雉不同的魅力。相對於追求綠雉醍醐味的王道醬汁莎美斯，味道酸甜的斯米塔內醬汁屬於清爽的風味。在法國是使用名為「crème aigre」的酸味鮮奶油，來製作這種醬汁，通常它用來佐配野鳥或家兔料理。這裡主廚是用酸奶油來代替「crème aigre」，另外白波特酒使料理散發雅致的甜味。

作法請見第109頁

五十嵐安雄

Le Manoir D'HASTINGS

秉持傳統技術令人驚豔的美味料理

自秋季到冬季這段狩獵期間，來餐廳半數以上的客人都會點野味料理。這段期間裡，餐廳供應的日本產鴨和法國產斑尾林鴿幾乎源源不絕，鹿和野豬因為都是直接向獵人購買，所以送抵餐廳時品質、鮮度都極佳。

話雖如此，但畢竟是野生鳥獸，餐廳也會收到與當初預訂不同的食材，而且不同於飼養的禽畜，每個野生個體的差別都很大。餐廳必須隨時臨機應變更改菜單，配合材料調整烹調方式。關於這一點每位料理人都有許多變通訣竅。

五十嵐主廚至今烹調過無數的野生鳥獸。長久以來，他一直鑽研法國傳統烹調技藝，另一方面，尤其是在他年輕時，也常冒險創作極富創意、令人驚豔的料理。

他每天不斷嘗試開發新菜色，累積了許多寶貴的經驗，也創作出許多現代野味料理。不過，在發揮挑戰精神時，得要具備紮實的基本功夫。像蔬菜高湯的製作法和用法就是其中的一例。

「法式料理的基本原則，是用骨頭作為主材料熬製蔬菜高湯，以作為料理的佐味高湯，但是每種野味都有與眾不同的特色。例如，若將綠頭鴨蔬菜高湯用於針尾鴨料理中，針尾鴨的纖細風味可能會被完全破壞」

在產季期間，餐廳必須同時準備5～7種以上的野味蔬菜高湯，針尾鴨蔬菜高湯用於針尾鴨料理中，綠頭鴨蔬菜高湯用於綠頭鴨料理中，每種材料都要分開運用。即使同為野豬，出生未滿六個月的小仔豬和成豬的風味並不相同，所以蔬菜高湯也要分開運用。此外，產季初期由於鳥獸種類並不多，因此在二月時熬煮的蔬菜高湯，要冷凍保存至下一季狩獵期，與新熬煮的蔬菜高湯混合使用。

目前，餐廳推出的野味套餐是以傳統風味為主，還融入讓人感到新鮮有趣的元素，一系列的料理中，同時兼具傳統與現代兩種風貌與趣味。為了讓顧客遍嚐鴨類等野禽各部位的美味，雖然只是一人份餐，但餐廳大多用半隻野禽製成三盤不同的料理，而且菜色不斷推陳出新。

包括自創的多變菜色，五十嵐主廚的野味料理，不論風味和外觀都極為正統、端莊。任何一道做工都非常複雜，但因為外觀沒有任何多餘的裝飾，所以看起來像是極簡單的料理。但是當顧客一入口，卻往往大吃一驚……果真是秉持傳統技術，令人驚豔的美味料理。

Photo Touru Kurobe Text Rumiko Nakajima

Yasuo Igarashi

1955年生於山形縣，隨即移居至兵庫縣在那裡成長。日本烹調師學校畢業後，前往俄羅斯料理店「Balalaika」，以及小田急國際觀光公司等處磨練烹調技術。1980年時遠渡法國。先在諾曼第地區的「Le Manoir D'HASTINGS」餐廳研習，接著在法國各地學習3年的時間。回到日本後，先後在靜岡市的「Louis Latour」、六本木的「Aux Six Arbres」、中間區勝鬨的「Club NYX」擔任主廚。93年獨立在澀谷區神宮前開設「L'ampore」餐廳，在很短時間內即成為超人氣店。96年時在銀座「Le Manoir D'HASTINGS」。目前共經營五家餐廳。除了活躍在餐飲界外，他還培育出許多學生，對於日本法式料理的勃蓬發展，是有諸多貢獻的一位重要人物。

Le Manoir D'HASTINGS

地址◆東京都中間區銀座8-12-15
電話◆03-3248-6776 FAX 03-3248-6777
營業時間◆11時30分～14時（LO）
18時～21時30分（LO）
例休日◆全年無休
午餐套餐◆2940日圓、5040日圓、6825日圓
晚餐套餐◆7875日圓～12600日圓
尚有各式點菜

本次使用的野味

- ◆茨城縣的針尾鴨
- ◆天城產的野豬（小山畜產有限公司）
- ◆法國產的斑尾林鴿（北方快遞股份有限公司）
- ◆北海道的蝦夷鹿

塔上的餡料使用了針尾鴨的胸肉、皮、心、肝和鴨胗，以及切丁炒過的香菇。

針尾鴨和內臟的塔

Tarte fine de canard pilet et ses abats

馬鈴薯泥具有黏合餡料的作用，使針尾鴨各部位的美味在口中融為一體。

這道爽口的塔料理，是用新鮮的針尾鴨胸肉、皮、心、肝和鴨胗製作。主廚希望讓顧客一次就能品嚐整隻鴨所有部位，經過多方嘗試後完成了這道前菜。餡料是以製作生火腿的要領，將肉和內臟鹽漬晾乾後，拌炒一下切碎，再與芥末風味的醬汁混合。派的底座鋪上加了黑松露的馬鈴薯泥。馬鈴薯和松露及鴨肉都非常合味，不但能調合這兩樣食材的濃郁香味，還有黏合食材的作用。湯匙中所附的是葉形胸肉製成的塔塔醬，只需這一口分量，就能讓顧客了解材料的優良品質及鮮度。

作法請見第108頁

餡料中加入風味細緻的針尾鴨肉，以及大量的黑松露等菇類。

包針尾鴨肉餡的炸麵包
佐配茄子慕斯和野味清湯凍

Pirojki de canard pilet avec mousse d'aubergines et gelée de gibier

有喜好野味料理的客人來預定餐點時，該餐廳常推出這道炸麵包作為開胃前菜。初嚐的客人大部分都會感到驚訝，首先是它的外觀，再者其香味和味道都超乎想像的豪華。麵包使用的麵團，是味道微甜又柔軟的牛奶麵包（Pain au Laite）麵團。餡料中，除了有用番茄起司和小牛肉高湯熬煮的鴨腿和胸肉外，還加入大量的豬腳、香菇和松露。等於是將主材料、醬汁和配菜等，全部封入小球狀的麵包中。像這樣整合多種食材成為一道料理的情形，保持味道的平衡尤為重要。要讓整體食材調和，又要充分傳達主材料的美味，都得經過精密的計算。熱騰騰的料理搭配冷料理一起上桌，除了出人意表外，同時還能讓客人換換口味。茄子慕斯中加入充分拌炒至產生甜味的洋蔥，使慕斯更具風味。它和野味清湯凍非常的合味，這樣的組合本身就已是一道很完整的冷製前菜了。

作法請見第109頁

烤針尾鴨　搭配血醬汁
佐自製的鴨生火腿沙拉

Canard pilet rôti au sang avec salade de jambon cru de canard

日本產的針尾鴨和綠頭鴨比起來，風味更為纖細。雖然鴨肉熟成後十分美味，但這道料理中，另外添加的沙拉盤中還加入生的鴨肉火腿，而胸肉也是在新鮮的狀態下烘烤完成。為展現鴨肉高雅的風味，烘烤時也只烤到呈嫩紅色的熟度即可。佐配的醬汁是以針尾鴨骨熬製的蔬菜高湯為湯底，再添加血以加強鮮度與濃度的傳統血醬汁。用針尾鴨的鴨血來製作固然最好，但因新鮮鴨子只能採集到極少的血，所以這裡是以新鮮豬血代替。生的鴨肉火腿是將葉形胸肉以鹽醃漬4小時以上，再放在網架上風乾而成。惟有新鮮的鴨肉，才能讓人享受到如此清純的風味和柔嫩的口感。

作法請見第108頁

野豬義大利餃 佐配鮮奶油和豬血雙色醬汁

Raviolis de sanglier avec deux sauces

這次使用的野豬是天城產的兩歲母豬。雖然和未滿六個月的仔野豬比起來肉質較硬，但卻富含芳香的脂肪。義大利餃的餡料是使用絞成中等碎的肩里脊肉和五花肉，這樣運用的優點在於，不但能使瘦肉和肥肉均勻的混合，吃起來更豐潤多汁，也能有效運用整塊吃口感太硬的肩肉。餡料中除了肉外，只加了具黏合作用的生麵包粉和蛋，以及鹽和辛香料，完全沒加多餘的材料，讓人能充分體嚐肉中濃郁的鮮美滋味。佐配的兩種醬汁都以野豬蔬菜高湯為湯底，一種是加入紅酒燉煮，再加豬血增加濃度。另一種則加生番茄燉煮，完成後加入鮮奶油。兩者都是傳統風味的濃郁醬汁。為了和醬汁的美味相得益彰，義大利餃先放入混合雞高湯的奶油高湯中浸泡後，才一起盛盤。

作法請見第107頁

餃子裡包入大量絞成中等碎的肩肉和五花肉。瘦肉和香濃的肥肉均勻地混合，使口感更豐潤多汁。

焦糖野豬五花肉　佐配根菜類

Poitrine de sanglier rôtie caramélisée aux légumes d'hiver

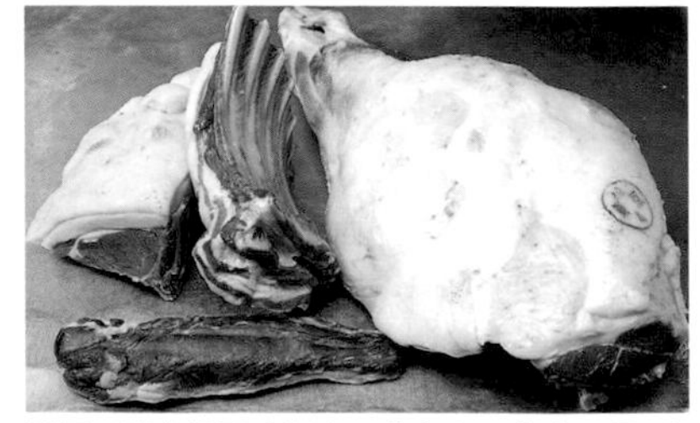

靜岡天城產的野豬腿肉、菲力和五花肉。是2歲左右的母野豬，富含脂肪，肉質有彈性。

同為良質豬肉，但野豬肉與眾不同處是牠的肥肉非常鮮美，而其油脂和糖的甜味又非常合味。所以用焦糖來煮是很適合五花肉的烹調法之一。作法是以砂糖和白酒醋作為基本材料，熬煮成香料風味的焦糖醬汁，放入平底鍋中加熱後，再放入烤成漂亮玫瑰色的肉塊沾裹上醬汁。這麼做是為了讓肉充分散發風味與香味，所以持續加熱到肉呈焦褐色都無妨。該餐廳常會準備加入砂糖、檸檬、大茴香、丁香和薑等多種香料，以及雞和牛的蔬菜高湯所製作的焦糖醬汁，活用在各式料理中。配菜選用富季節感的根菜類。白蘿蔔是用雞高湯，芋頭則用加了清燉牛高湯的煮汁燉煮，會配合材料採取不同的烹調法和調味法。

作法請見第107頁

斑尾林鴿龍蝦慕斯派
蔬菜捲、腿肉、內臟串燒

Gâteau de Pigeon ramier et de mousse de homard
avec pot-au-feu de légumes et brochette de cuisse et d'abats

法國產斑尾林鴿（野鴿）的肌肉本身富含鐵質，能讓人感受到血的風味，及濃郁的香味，是五十嵐主廚非常喜愛的野味素材之一。牠和甲殼類也很合味，所以和龍蝦慕斯、烤成粉紅色的胸肉及葉形胸肉組合，就完成這道外觀端莊的肉派。佐配的醬汁有兩種，一是野鴿和龍蝦高湯醬汁。作法是在野鴿骨和龍蝦殼熬出的高湯中，加入小牛肉高湯和甲殼類海鮮高湯的鮮味，最後以鮮奶油和鵝肝奶油調味。只佐配這種醬汁就已鮮美異常，可是這道料理還加上充滿松露香味的佩里格醬汁，是一道風味極豪華的宴客料理。盛裝在另一個盤中的配菜，包含以野味清湯燉煮的蔬菜捲，以及燒烤的野鴿腿肉和內臟串燒。這道野味料理的味道構成元素儘管多樣化，但主角仍是野鴿。 **請見第106頁**

派的底座是和野鳥十分合味的龍蝦慕斯。

這道料理是將鹿的五花肉以紅酒和小牛肉高湯來燉煮，再配上煮汁加豬血煮成巧克力液般濃稠的醬汁。製作時特別要注意，肉千萬不可煮得太熟，因為燉煮得越久，肉就會越來越沒味。雖說烹調時間需視肉的情況來調整，但是800g的鹿五花肉用烤箱烤，大致上約2個小時即可。使用的紅酒最好是味道濃醇的波爾多系列。這裡雖然是用容易購得的豬血製作，不過因豬體不同，血的濃度和黏結力都有差異，所以需斟酌最恰當的分量。一面試嚐味道確認味道和濃度，一面慢慢增加分量，必然不會失敗。此外，主廚使用蘑菇、培根和小洋蔥作為配菜也有其原因，因為傳統酒燉烹調法的定義之一，就要加入這些材料，因此主廚也希望遵守這項基本原則。

作法在第107頁

紅酒燉蝦夷鹿

Civet de chevreuil

加入大量豬血，即完成味道醇厚濃郁的醬汁。

森重正浩

LA BUTTE BOISÉE

深入了解相關食材的同時 還表現哺育鳥獸的豐富大自然

和往年一樣，每當野味季來臨，森重主廚就會和北海道的獵人們一起奔波於寒冷的山野間。親自狩獵不僅能親眼見到蝦夷鹿、棕熊、野禽等生長的環境，主廚還希望能夠當場進行肢解作業。

「先來談食材。不是吃自然界天然食物的野生鳥獸，其肉質一定不可口，而且根據牠們常吃的食物，肉質的味道也截然不同。例如吃豐富果實的野鳥，內臟和油脂中，會讓人嚐到一種果實的風味」

獵捕法和事前處理的方式，對野味的風味也有很大的影響。

為了讓動物不覺得有壓力，像鹿等動物的最佳的獵捕方式是一槍就擊中頸椎。而且捕獵後立即冰凍、放血，妥善的取出腹部內臟，以免血的臭味散布全身。

換言之，野味品質的好壞和獵人的技巧也息息相關，關於這點森重主廚倒是有得力的助手。一位是住在旭川的老獵人——宮下隆宏先生。宮下先生同時也是位料理人，精通處理肉類食材。另一位是擅長獵捕野豬，主廚的「廣島叔父」。

野味送抵餐廳時，不論是肉或內臟都極為新鮮，主廚大多會趁它們尚未熟成，製作出風味和口感都很新鮮的料理。因為收到時都是整頭野豬，蝦夷鹿和棕熊也是帶骨的一大塊，所以醬汁也能充分運用野味熬製的高湯。此外，當他收到棕熊心臟等這類稀少食材時，也會冒險憑靈感來料理。

森重主廚還特別重視在一盤料理中，完整表現野生鳥獸的居住環境。他連牠們胃中的內容物都十分熟悉，所以組合食材時不會被常規所局限。鹿愛吃果實、野生款冬和水田芥。棕熊喜歡吃野生菇類和河裡的魚等。這些山林恩賜的食物不僅和主原料非常對味，而且能使野味料理整體更突出，呈現更強烈的美味與香味。

對於從小就常接觸廣島山區大自然的森重主廚來說，山中的野草、果實和菇類都是能隨意運用的食材。每週兩次他會前往丹澤或是到蓼科地區親自採摘不同季節的天然食材。

現今，即使在冬季也能看到夏季蔬菜。野生鳥禽反而成為最能具體展現季節感的食材。

「我希望能在餐盤上展現目前的季節感。野味能擴展這樣的表現。按照自然週期孕育而生的食材本質，我想它是料理中最寶貴的精華。」

主廚運用新鮮日本產野味和山產烹調的料理，也表現出棲息各種動植物的山林景象。

Photo Touru Kurobe Text Rumiko Nakajima

Masahiro Morishige

1961年生於廣島縣三原市。自孩童時期開始親近大自然，常隨獵人叔父一起去打獵。他自服部營養專門學校畢業後，在西麻布的「Petit Chagny」餐廳任職，後於87年赴法。先後在巴黎的「LUCAS-CARTON」、「Taillvent」餐廳工作一年左右的時間，之後前往郊區，陸續在西南部的「l'Aubergade」、米蘭近郊的「Antica Osteria del Ponte」、「PIERRE GAGNAIRE」等餐廳研習。其中，他尤其受到近阿爾卑斯山的安錫（Annecy）湖畔三星級餐廳「Augerge de l'Eridan」的Marc Veyrat主廚的影響。他跟隨Marc Veyrat主廚，實際運用鄉土料理的觀念和手法，活用各式野生植物，烹調出與當地土地關係密切的法國料理。91年時回到日本，在箱根的「AU MIRADOR」任職。後來在小田原的「STELLA MARIS」擔任主廚約2年的時間，94年自己獨立開設「LA BUTTE BOISÉE」，並擔任主廚。目前，另外還開設姐妹店「La brise de vallée」，以及甜點店等共四家店。

本次使用的野味

- 神奈川縣早川的棕耳鵯
- 北海道旭川的棕熊
- 北海道大雪山的蝦夷鹿
- 廣島縣紅谷的野豬

LA BUTTE BOISÉE

地址◆東京都世田谷區奧澤6-19-6
電話◆03-3703-3355 FAX◆03-3703-2233
營業時間◆12時～14時（LO）
18時～21時（LO）
例休日◆週一（遇國定假日營業）
午餐套餐◆3900日圓、5900日圓、7800日圓
晚餐套餐◆7800日圓、9800日圓、13000日圓

神奈川的桑原先生在早川捕獲的 棕耳鵯橘子風味凍 佐配包心菜和鵝肝慕斯　香料風味

Aspic d'amaurotis aux mandarines avec chou et mousse de foie gras parfumé aux épices

吃橘子長大的小田原產棕耳鵯，其肉質本身就有柑橘類水果的香味。簡單烤一下，配上橘子風味凍、鵝肝慕斯、保樂茴香酒風味的烤橘子，就成為一道清爽的前菜。凍類讓人連想到將食材鎖在凍裡的古典料理，但這道菜原創意是想讓食材露在外面。製作質地軟嫩的凍，目的也是為了要和鵝肝慕斯的口感保持一致。由於鳥的體型很小，所以不把胗、肝臟和心臟拿出，和身體一起燒烤，並且附上頭部。在法國用手拿著頭部吸食腦漿是他們普遍的吃法。即使在餐廳，喜好野味的客人大多也是這樣享用。 作法請見第106頁

鴨肉獨特的濃濃野味，讓它成為各國料理中華貴的主角，相信對烹飪手藝頗有自信的您，必然迫不及待想要挑戰這項奧妙的食材。

本書精選七位名店主廚的招牌鴨料理，與您分享如何烹調美味鴨料理的秘訣，並悉心介紹鴨肉和鴨肝的基本知識，搭配上鮮美如實的影像，帶給您視覺與味覺的雙重享受！

本書除了從7位各具特色的仔羊料理專家烹調的41道料理中，學習無限的可能性及應用方法！

也從一般的基礎帶領你學習仔羊的各項知識，如品質．美味秘訣．營養及關於羊的小插曲，讓您從這本書來學習法國料理的精髓，是一本您絕對不可錯過的好書！

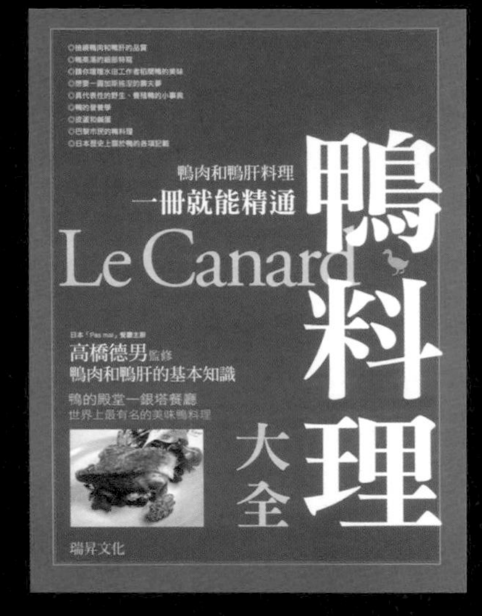

21×28cm　112頁
定價400元　彩色

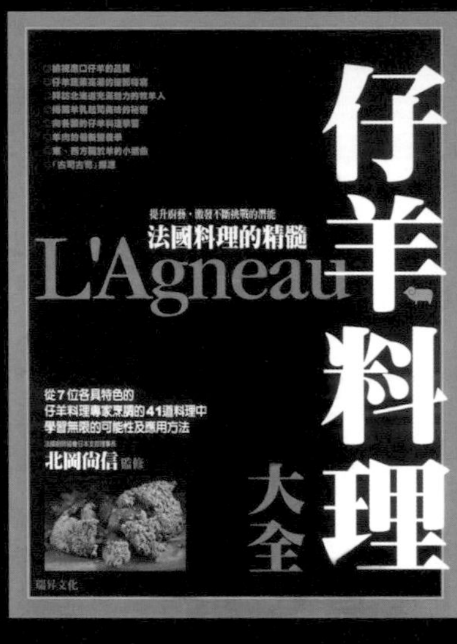

21×28cm　112頁
定價400元　彩色

21×28cm　112頁
定價400元　彩色

21×28cm　112頁
定價400元　彩色

龍蝦是眾多海鮮中最適合稱王的特別食材，所以在各種筵席上龍蝦一定是不可或缺的主要食材，可是在一般人眼中，龍蝦料理一直是高不可攀的，沒有大廚師的技術，就不敢獨自料理龍蝦，透過這本書，將使你對龍蝦的恐懼感完全消除，讓您一個人也能輕鬆的料理龍蝦，享受龍蝦的美味！

本書集合了日本各大餐廳主廚所精心研發的豬肉料理，從香腸、火腿到肉醬、豬排，各式各樣精緻的豬肉料理將以最華麗的姿態呈現在您眼前，本書讓您成為真的豬肉專家！

瑞昇精緻料理大全

戶名　瑞昇文化事業股份有限公司　網址　www.rising-books.com.tw

劃撥帳號　19598343　劃撥優惠　三本以上9折、五本以上85折、十本以上8折、單本酌收30元郵資　團購另有優惠

東廣島仲伏先生在紅谷獵捕的
4歲公野豬頰肉、舌和聲帶軟骨紅燒
四照花和乾柿風味
香煎腎臟和睪丸沙拉

Joue, langue et saezuri de sanglier mijotés au yamaboushi et kaki avec salade de rognons poéles et carpaccio de rognons blancs

圖中左側是紅燒頰肉、舌和聲帶軟骨，右側是睪丸沙拉，右後方是香煎腎臟。每年在野味盛產季，主廚都會收到住在廣島的叔父狩獵的整隻野豬。那裡的野豬，都是吃生長在島根和廣島縣境的紅谷山谷中的樹根、昆蟲和嫩芽等豐富的天然食物長大的。其脂肪色白如雪，烘烤後會散發松脂般的香味。內臟的色澤也和鄉間的野豬不一樣，完全沒有不好的臭味。當然，牠的任何部位都要妥善的物盡其用。頰、舌用加入四照花和乾柿的紅酒燉煮。為了保留睪丸黏軟的口感，生的就直接予以冷凍，如同北海道的鮭魚生魚片般，半解凍後切片製成沙拉。因為腎臟也極為新鮮，所以只要稍稍的煎炒即可，和根菜類等配菜一起展現獨特風味，還能享受到柔嫩的口感。這種山林恩賜的精華美味，堪稱野味中的野味。 **作法請見第106頁**

四照花利口酒。在信州蓼科摘取的四照花，和燒酎及少量冰糖一起浸泡醃漬5年的時間。

韃靼棕熊、煎小水鴨、燻紅鮭魚、根蔬菜、黑松露、御山龍膽根凍　透視大自然

Une déclinaison improvisée sur le lit de la nature

這件設計新穎的玻璃容器，常用來盛裝餐後甜點和前菜。它能以立體方式呈現料理，顧客享用的同時能對食材內容一目瞭然。森重主廚表示「這道料理清楚呈現大自然的食物鏈」。容器底下鋪的是野生龍膽根凍和松露凍，象徵著大地和清澈的河流。上面疊著有機蔬菜切片，積丹Chiyopetan川捕獲的燻紅鮭魚、上野的生水田芥、烤小水鴨胸肉，最上面放著位於生態系頂端的韃靼棕熊肉。小水鴨也是長於北海道的寒冷地區，不僅含豐富的脂肪，內臟也很美味。用棕熊背肉油脂油封烹調的心臟和肝臟，和腿肉一起盛在右上方。苦味中隱藏著甜味的龍膽根凍，將各食材不同的風味襯托得更加明顯。 **作法請見第106頁**

圖中是御山龍膽根汁。它是將充分洗淨的野生龍膽根，用燒酎和龍膽利口酒醃漬而成。味道苦中帶甜，據說歐洲自古以來都當作健胃藥使用，是森重主廚喜愛的常備原料之一。在這道料理中，龍膽汁和根都有運用在凍中。

以擊中頸椎法獵捕的大雪山4歲母鹿背肉
用野款冬和紫杉包裹烘烤　佐配丹澤野生水田芥醬汁

Côtelette de chevreuil rôtie en croûte au pétasite et au tobi, sauce cresson sauvage

這道料理是使用相當於牛腰肉的鹿背正中央的部分。其肉質細緻柔軟，含有無與倫比的鮮美滋味。以野款冬和紫杉葉包裹烘烤的烹調法，惟有對鹿的生態瞭若指掌的森重主廚才有這樣的創意。主廚表示「鹿非常愛吃款冬，即使被擊中口中仍含著不放」。紫杉是生長在北海道地區的樹木，蝦夷鹿也酷愛吃它的枝葉。醬汁的作法是在剛摘的野生水田芥泥中，加入切碎的款冬和野味高湯混合而成。當整道菜上桌時，水嫩的野草和烤肉的香味，令人不禁食指大動。鹿肉雖說是烤到呈粉紅色，但因它富含鐵質肉質鮮紅，所以看起來好像只有三分熟而已。紅色的肉配上綠色醬汁的雙色組合，宛若一件現代的藝術品。

作法請見第105頁

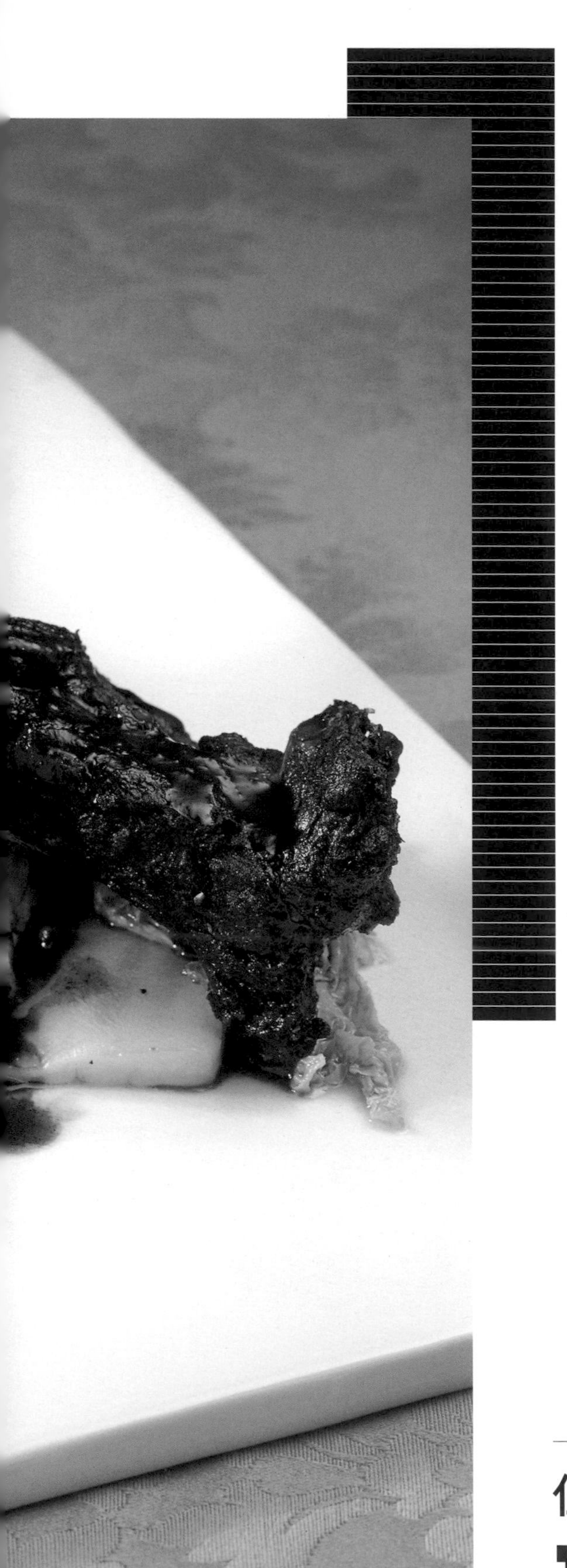

釀製的五味子利口酒。五味子是一種含有甜、酸、苦、辣、鹹等五味的果實。森重主廚親自去山中採集後，用少量砂糖和燒酎醃漬釀製，除了野味料理外，也能運用在各式各樣的料理中。

食用大量果實準備冬眠的棕熊，全身積存了豐厚的脂肪，其中含有森林般的香味與濃郁的鮮味。森重主廚對這項素材極為稱讚「它是牛肉等肉類比不上的」，這次主廚是用帶骨背肉來料理。先從厚的脂肪層開始，將表面全部煎過後，讓香味滲入全部的肉中，再塗上特製的醬料烘烤。塗在上面的調味醬料，使素材更有光澤與風味。這裡主廚是將蜂蜜，五味子利口酒和野菇等混合，利用自然的甜味和香料味來突顯肉的美味。經過妥善放血處理的棕熊，絲毫沒有臭味，所以大蒜等辛香料只需加入極少的量。醬汁是用棕熊蔬菜高湯和五味子利口酒熬煮而成，但是如果希望味道濃一點，也可以加些紅酒醋熬煮。它是一道讓人想趁熱大口嚼食的豪邁料理。

作法請見第105頁

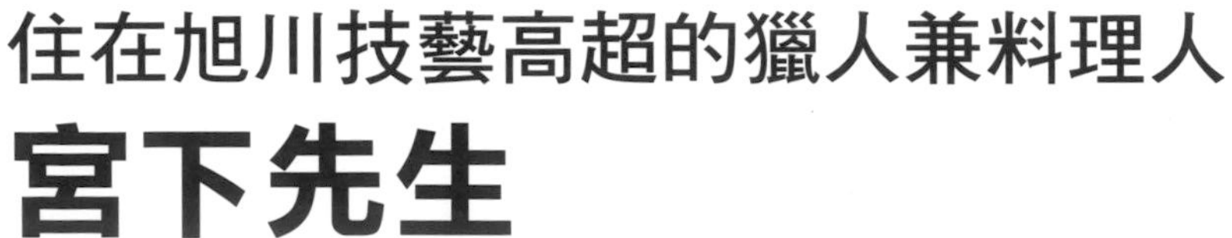

住在旭川技藝高超的獵人兼料理人
宮下先生

旭川宮下先生
在當麻捕獵的6歲公棕熊的烤背肉
五味子風味醬料
佐配笠取峠的野生菇

Côtelette d'ours brun laquée aux gomishi
avec champignons sauvages

棕熊心鑲鵝肝醬
薊根和山白竹香味
佐配山藥和茼蒿風味的蓮藕煎餅

Cœur d'ours brun farci au foie gras et aux racines de chardon et aux feuilles de bambou avec matefaim d'igname et racines de lotus

圖中是薊葉和根，山白竹以及乾燥後製成的粉末。這些都是森重主廚喜好使用的山野草，是野味料理中不可或缺的香料。

一切開心臟，山白竹和薊的香味撲鼻而來。豐潤有彈性的心臟，黏綿的鵝肝醬以及背肉絞肉等，融合成十分獨特的口感。

這道料理是在棕熊心臟中，填入不易購得的珍稀食材。心臟質地強韌，剔除血管和筋膜後，裡面即成為中空，主廚充分運用這項特點，在其中鑲入芳香的餡料。在攪碎的棕熊背肉中，加入略苦的薊根、野趣十足的山白竹粉，並在中央包入鵝肝醬即完成。為了不讓香味散失，主廚只在心臟上切個小口，再一點一點塞入餡料。之後以網脂包裹後，再用繃帶一圈圈纏繞捲包起來。將它放入紅葡萄酒和野味高湯混合的煮汁中燉煮時，要注意不可煮太久，不然肉質會變硬，大致的標準是用小火約煮1個半小時。

作法請見第105頁

榎本 實

L'AMI DU VIN "ENO"

將紅酒和兩種以上的酒徹底濃縮混合

1988年10月，30歲遠赴法國的榎本實主廚，在巴黎展開生活的第二天，看見市場上懸掛販售的斑尾林鴿，立刻買回住處烹調。雖說是烹調，可是他沒有烤箱，當時只能用爐火直接油煎，加些鹽和胡椒調味而已。

但實在太鮮美了。也許是熟成度剛剛好吧！主廚表示，那道充滿滋味的紅肉，當時品嚐的感動至今不曾再有。

「野味各有各的獨特風味」榎本主廚如此表示，因此他喜歡用徹底濃縮的紅酒，熬煮出令人震撼的濃郁醬汁來佐配野味。

1990年他回到日本，97年時獨立開設L'AMI DU VIN "ENO"餐廳，店內料理被譽為「惟有榎本主廚才能煮出這樣的野味」，如今即使在餐飲業界也都極獲好評。

從店名似乎就能了解，受到許多愛好葡萄酒的顧客歡迎的榎本主廚式野味，之所以吸引這麼多野味迷的原因是，他的料理風味層次分明，讓人一吃就上癮。

不過，光用葡萄酒熬煮是不夠的。他的野味料理特色是至少都仔細混用兩種以上的酒，像是波特酒、具甜味的濃郁馬得拉酒、干邑白蘭地和芳醇的雅馬邑白蘭地酒等。

這種基本料理工夫，榎本主廚並非在法國修業的兩年期間學到的，而是去法國留學前在「成川亭」餐廳工作時，那裡的首任主廚片倉先生傳授給他的。

片倉主廚常將紅酒用於肉類料理中，不論是用來醃漬或是熬煮，創作出許多美味的料理。儘管榎本主廚當學徒時歷經不少的辛苦，但不論去嚮往的法國，或是回到日本的餐廳廚房，在他心目中片倉主廚一直是他最大的恩師。

每年一到野味季，ENO餐廳廚房的紅酒用量必定大幅激增。

平時一週時間約用5瓶，到了夏天會減至2～3瓶，然而到了冬天平均要耗用12瓶，最多甚至需用到14～15瓶，將近平時的三倍左右。

為了讓野味直到最後一口也不膩人，主廚花了相當多的精力來熬煮具有震撼力的醬汁，以及精心製作各式各樣的配菜。他表示配菜具有轉換口味的功用，所以要留意減少鹽分的用量，使配菜呈現高雅的風味。

每天他都和員工一起待在廚房工作，甚至犧牲自己的休息時間、例休日和睡眠時間，主廚表示「忙料理的事讓我無比快樂」。在一年裡，野味季是最令他心動的季節。

Photo Touru Kurobe Text Satsuki Kashiwa

Minoru Enomoto

1958年生於東京。「辻調理師學校」畢業後，在東京紀尾井町的「成川亭」餐廳工作2年半的時間，88年遠赴法國。陸續在「La Côte St-Jacques」、「acques Cagna」、「Amphycles」、「Grenadine」等餐廳學習，90年時回到日本。在淡路町的「Bistrot Le Vin」擔任主廚，自此開始全心投入野味料理。97年10月在神宮前面獨立開設「L'AMI DU VIN "ENO"」餐廳。99年雜誌以「斑尾林鴿的盧昂醬汁」為題以專文大幅介紹後，一躍成為備受矚目的野味餐廳。始自於該年的「野味晚餐會」，之後也定期於每年的10月～2月中旬舉行，許多野味迷都會慕名而來。

爐火旁全是盛裝野味用醬汁的小鍋子，因外觀一致，所以都附上名牌加以識別。

L'AMI DU VIN "ENO"

地址◆東京都澀谷區神宮前2-5-6 AMADEUS HOUSE 1F
電話・FAX◆03-3796-0228
營業時間◆11時30分～14時（LO）
週六、節日是12時～14時（LO）
18時～21時30分（LO）
例休日◆週一
午餐套餐◆2415日圓、3150日圓、3675日圓、4935日圓
晚餐套餐◆4515日圓、6825日圓、10500日圓

本次使用的野味

- 山鷸、斑尾林鴿（北方快遞股份有限公司）
- 母綠雉、野兔、蘇格蘭產松雞（AKROS股份有限公司）
- 仔野豬（N's Foods）
- 宮城縣遠田郡的綠頭鴨

烤蘇格蘭產松雞胸肉　佐配燉洋蔥石榴醬汁　炸腿肉丸“巴黎咖啡奶油風味”

Grouse rôtie à l'oignon confit, sauce à la grenade, croquette de sa cuisse façon "Café de paris"

松雞的內臟具有極濃烈的香味，比熟成後的野兔味道還要濃郁。榎本主廚表示，那香味也許是因為松雞的大腸中有許多未消化的食物吧？10～12月是松雞的產季，它是很容易讓人一吃就上癮的野味，有些老顧客每年會光顧餐廳多次只為了吃松雞。牠的脂肪非常少，料理中特地加入酪梨來補強，為了調和松雞的香味，還搭配糖醋風味的燉洋蔥，以及含有石榴的紅酒醬汁。豐潤多汁的雞肉散發各種豐富多彩的香味，適合佐配2000年份的Chambolle-Musigny（Chantal Les Cure）。

作法請見第104頁

這是實用的自製奶油——巴黎咖啡奶油，塗在其他的肉上燒烤也很美味。

炸腿肉丸中塞入巴黎咖啡奶油，和其中大量的菇類非常和味。

這是使用野兔血和奶油製作的混合奶油。可用於醬汁中，或讓包入萵苣的肉餡產生黏性。

包入栗子以萵苣包裹的酒煮野兔
苦味巧克力和覆盆子風味

Compote de lièvre enveloppée de laitue, sauce à la framboise et au chocolat amer

相對其簡單的外觀，這道料理的作法卻非常繁複費工。使用的紅酒量也相當大，20人份的餐一共要用掉3種共計7.5瓶分量的酒。海洛種葡萄酒味道較甜，卡本內蘇維濃種顏色較深，而卡奧爾種味道較濃。榎本主廚將三種不同特色的紅酒加以調和，完成最高的美味。主廚主張野兔不需熟成，而且因為兔肉的脂肪很少，加熱後不立即食用的話，味道很快就會散失。因此主廚用紅酒燉煮兔肉後就迅速撕碎，然後用萵苣包裹數層，以免肉汁流出。另一項重點是，製作野兔蔬菜高湯的骨頭也不經烘烤，只用沸水煮過後換水再煮，以提引出骨中血液所含的鮮味。這道料理適合搭配風味醇厚2002年份的卡奧爾Les Laquets。

作法請見第103頁

從中切開，即可見到撕碎的野兔肉和大顆栗子。

煎到脂肪焦脆的熊本產仔野豬里脊肉
佐配淡味紅酒醬汁
香煎下仁田蔥和烤西洋梨

Marcassin rôti au vin rouge, avec poireaux de Shimonita sautés et poire rôti

這次料理使用的野豬里脊肉，
肉質十分豐潤鮮美。

榎本主廚特別喜愛用單面有許多肥油的野豬里脊肉來料理。如何烹調那層厚厚的肥肉，是料理美味與否的重要關鍵。首先，主廚在厚度削薄一半的肥肉上用刀畫出格紋，這時刀痕太淺或太深都會導致失敗，還要注意不要煎過頭了，以免釋出太多油脂。假使用烤的，肉會萎縮流出過多的肉汁，所以要多花點時間用平底鍋慢慢油煎。在野味中仔野豬的味道算是較清淡的，因此不能搭配味道太重的醬汁，只需佐配淡味的紅酒醬汁即可。主廚推薦佐配有濃郁莓果味的2001年份的波爾多Iris de Gayon。

作法請見第102頁

配菜是利用盛產於冬季的美味白菜、茼蒿和松露層層包裹成圓形。

在野味中，山鷸是特別受到料理人青睞的鳥類。在野味盛產季，為了能夠烹調更多的山鷸，榎本主廚變得精神抖擻。主廚表示或許是現在的需求量比以前增加，所以山鷸的品質也大為提升，對他來說斟酌最佳熟成狀態開始烹調，是最感愉快的事。山鷸肉質纖細，烤過後會散發類似鰻魚的香味。由於牠的肉很少，所以用煎的方式烹調比用烤得恰當。放在平底鍋中一面翻面，一面慢慢油煎，完成後肉質才會豐潤多汁。炒過的山鷸骨製作的紅酒醬汁中溶入內臟，味道會變得更濃郁。

作法請見第103頁

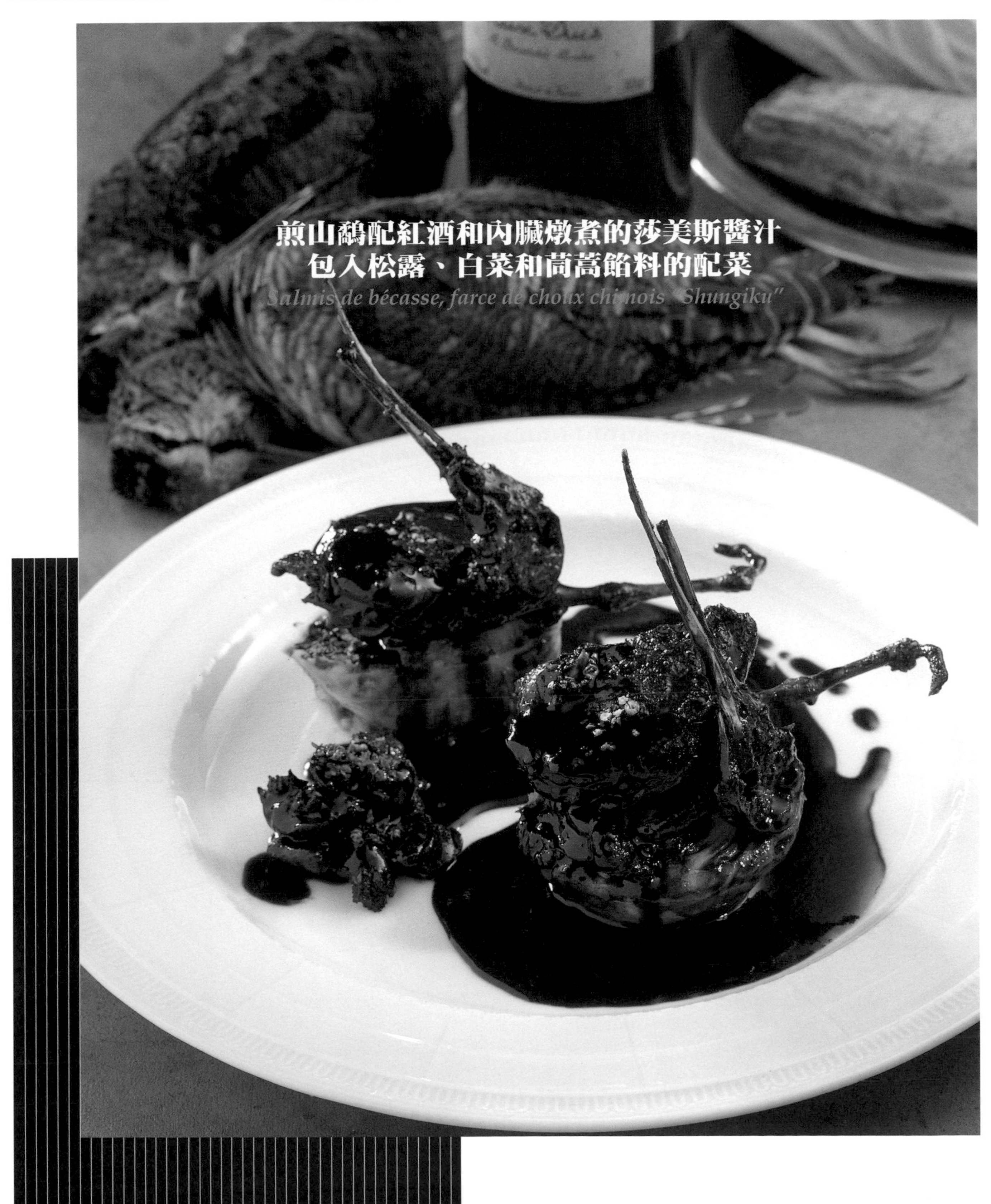

煎山鷸配紅酒和內臟燉煮的莎美斯醬汁 包入松露、白菜和茼蒿餡料的配菜

Salmis de bécasse, farce de choux chinois "Shungiku"

用網捕獵的宮城縣遠田郡產的烤綠頭鴨
喇叭菌泥和紅酒醬汁
香烤腿肉　紫蘿蘭芥末風味
內臟和紅蔥頭沙拉　酪梨油香味

Colvert de Miyagi rôti au vin rouge, purée de trompette-des-morts, cuisse à la diable, salade d'abats et échalotes à l'huile d'avocat

用網捕獲的綠頭鴨，當場讓牠窒息，使牠體內充滿血液，這種作法能使鴨肉變得非常美味。榎本主廚並不等鴨肉熟成，他都是趁新鮮料理。他採用Alain Passard主廚所創的「慢煎法」，將肉放在爐火邊緣較低溫處，一面慢慢翻動，一面加熱30～40分鐘，使肉上色。訣竅是以小火慢煎，完成時肉色近似三分熟呈玫瑰色。料理半身鴨肉時，切口要朝下來煎。據說從貼近鍋子的骨頭慢慢地將肉加熱，這種方式烹調出的肉質最可口。佐配的酒飲是南法產，2003年份味道醇厚洋溢果香的Serinae葡萄酒。 **作法請見第102頁**

鴨肉一共製作成2盤料理。四方形盤中盛著中段翅膀、內臟及配菜沙拉。

腿肉塗上紫蘿蘭色的芥末醬，麵包粉烤成金黃色，一起放入料理中。

紅酒醬汁的醬底

圖中是所有野味均可使用的紅酒醬汁的醬底。作法是在奶油炒過的紅蔥頭中，加入波特酒和紅酒熬煮到水分收乾前，加入小牛肉高湯後再繼續熬煮。

因為它是將4公升左右的液體熬煮濃縮到剩300cc，所以都是事先熬煮好，以縮短烹調的時間。它是製作濃郁的紅酒醬汁不可或缺的醬底，加入鹽和胡椒調味，就是味道最單純的紅酒醬汁。

DOMAINE de SEYSSUEL
ANNÉE 2003
MMIII
SERINAE

醬汁中加入法國產松露是美味的關鍵。其價格年年飆高，2006年1kg需17萬日圓。（約台幣五萬元）

榎本主廚只使用母綠雉烹調，因為母的比公的肉質柔軟，而且筋絡較少。主廚決定以絞肉來表現這道料理。在野味中母綠雉味道算是非常纖細的，主廚想將美味鎖在派裡，讓客人在切開派的剎那，能享受到迷人的芳香。牠的味道較清淡，適合初接觸野味的人品嚐，但是充分熟成後，風味又會變得如鹿、野豬等那般濃郁，能滿足野味老饕們的口味。佐味的松露醬汁中完全沒加紅酒，而是用小牛肉高湯底作為醬底，再加入干邑白蘭地、馬得拉酒和波特酒等來增加香味。主廚推薦搭配的紅酒是香味細緻濃郁的2000年份的Volnay（Chantal Les Cure）。

作法請見第102頁

包入母綠雉、鵝肝醬
開心果和松子餡的派　佐配松露醬汁

Pâté de faisane, sauce aux truffes

塔吉風味斑尾林鴿　蜂蜜和肉桂風味 佐配馬鬱蘭風味紅茶塔布雷

Tajine de pigeon ramier au miel à la cannelle

法國產高高豎立的塔吉式餐具，優雅的造型大受好評。

加入混合豬血的奶油，來補足斑尾林鴿混合奶油欠缺的美味。

雖然榎本主廚也使用金背鳩，或布雷斯產的各種野鴿，但他最喜愛的還是歐洲產的斑尾林鴿。大概是柔軟的肉質，以及富含鐵質的濃郁風味，更能引發他烹調的意願吧。每天9月下旬～隔年2月為其產季，12月～1月初時較能穩定供應，讓顧客享受美味。佐味醬汁以炒過的鴿骨加入紅酒熬煮，再加入肉桂展現獨特的個性風味。配菜是充分吸收大吉嶺紅茶的古司古司。料理裝在受歡迎的塔吉式里摩日（Limoges）的白瓷餐具中，端至客人面前才開蓋，令人充分享受料理的香味。佐味酒主廚推薦梅洛種葡萄釀製，風味複雜的1996年份的Chateau Beau Soleil。

作法請見第101頁

28歲時，小林主廚就在出生地東京的平井獨立開設餐廳。他的許多親戚都在向島開設餐廳，對於在餐飲世家中長大的小林主廚而言，會走上料理人這條路，似乎是天經地義的事。自開店至今已迎向第13個年頭了。

小林主廚的店才開幕沒多久，他的野味料理就獲得極高的評價。那年冬天主廚試著將野味料理加入特餐中，沒想到獲得顧客熱烈的歡迎。在這樣的機緣下，主廚為了滿足喜愛野味的顧客的殷殷期待，他開始獨自學習野味料理。

之後，他每天不斷反覆實驗修正口味，還向批評他的顧客請益學習，讓許多傳統料理原味重現。

22歲時，他進入東京澀谷的「Leau a la bouche」廚房，才開始認識正式的法國料理。

當時大渕康文主廚教他奶油燉煮料理、普瓦法蘭醬汁、狩獵風味醬汁等，這些最基本也是最受大眾喜愛的美味，自此之後他完全被法國料理征服。

小林主廚希望自己的料理，整體能呈現豐潤飽滿的感覺，同時具有讓人安心的基本風味。他重視盤上的料理能呈現以文火烹調的「燉煮狀態」，而不認為野味的皮和油脂非得煎到焦脆不可。另外他還注重醬汁、配菜與料理要有整體感，因此他也喜歡製作柔嫩多汁的冷料理。

在所有食材中，野味是大自然賜與最富代表性的物產。聽了一些獵人們的故事後，主廚覺得自己應該更珍惜食材，更為慎重的烹調。

「野味的個體差異很大，所以較難處理。我必須繼續累積經驗，收集更多實用的資料」小林主廚神采奕奕的表示。

相信主廚在不斷的努力和磨鍊下，未來一定能烹調出更美味的料理。

在餐盤上「燉煮」展現富饒的大地意象

小林邦光

RESTAURANT KOBAYASHI

Kunimitsu Kobayashi

1965年生於下町葛飾區。由於他的許多親戚都開設餐廳，因此從小就有機會遍嚐各種高級食材。自「聖德調理師學校」畢業後，他開始在上野的「Kikuya」和「虎門俱樂部」等餐廳工作，89年時進入東京澀谷的「Leau a la bouche」餐廳。在爐火前擔任烹調的重任，也學得法國料理的精髓。4年後，擔任西日暮里「Bistoro陶衣」的主廚。93年，在老家平井獨立開設「平井的餐廳Kobayashi」，深獲喜好法國料理的顧客們的好評。近來他經常前往築地地區，因此海鮮料理也開始越來越受歡迎。釣魚是他的興趣。他表示深夜在黑暗的大海獨自垂釣，能讓他消除整日的疲勞。

Photo Touru Kurobe Text Satsuki Kashiwa

本次使用的野味

- ◆長野縣輕井澤的野豬、綠雉、野兔
- ◆新潟產的綠頭鴨、小水鴨
- ◆北海道根室的蝦夷鹿

RESTAURANT KOBAYASHI

地址◆東京都江戶川區平井5-9-4
電話・FAX◆03-3619-3910
http://air.onwave.jp/kobayashi
營業時間◆11時30分～14時（LO）
18時～21時（LO）
例休日◆週二
午餐套餐◆2625日圓、5040日圓、6300日圓
晚餐套餐◆5040日圓～15750日圓

紅酒醃生蝦夷鹿片
蘑菇和松露沙拉

Carpaccio de chevreuil au vin rouge avec salade de champignon de paris

小林主廚將師父大渕主廚製作的牛肉料理，改用鹿肉來製作。

該餐廳自北海道根室購買蝦夷鹿，至06年為止已有六年的時間，1月時已經烹調了10頭鹿。每次整頭鹿送達時是縱切成4等份。儘管野味季是在10月，但從10月上旬～12月上旬，是蝦夷鹿最美味的季節。滿覆油脂的鹿背肉適合烘烤或製作鹿排。腿肉因脂肪很少，所以主廚都以鹽醃漬充分除去水分，以濃縮瘦肉中的鮮味，提高鹿肉的風味。口味有點像是「醃鮪魚」。這道料理醃漬和乾燥作業，各別都要花費3天的時間才能完成。

作法請見第100頁

新潟產小水鴨和鵝肝醬肉捲

Ballottine de sarcelle au foie gras

徹底密閉包裹成筒狀，加熱後肉質才有最佳的口感。

小林主廚表示「小水鴨的味道雖然飽滿濃郁，但卻十分清爽，而且肉質很細緻」。用保鮮膜緊密的包裹兩層，修整成筒狀，再以低溫慢慢加熱，能使肉質呈現極豐潤、富彈性的口感，而且中央的鵝肝也會變成漂亮的粉紅色。主廚是以68度的熱水加熱27分鐘，這是經過無數次實驗變換溫度與時間，所找出最理想的烹調數字。另外，鵝肝和肉的中間還薄薄的夾入一層，以綜合香料調味，用油煎過的肝臟和心臟。

作法請見第100頁

鵝肝、野豬腳和芋頭的酸味凍
佐配涼拌胡蘿蔔

Hure de foie gras et pieds de sanglier en gelée acidulée

透過朋友的介紹，在今年野味季主廚收到輕井澤送來的各式野味。輕井澤產的野味肉質都很細緻，香味也很高雅，非常適合用來製作前菜。這道野豬腳料理，是該餐廳販售整年的主廚推薦菜「豬腳凍」的野味版。和豬腳比較起來，用野豬腳製作味道更濃醇，而且它和凝結成膠狀的野味清湯超乎想像的合味。以等量鹿和鴨骨熬製的野味清湯，餐廳通常在冬季時會大量製作冷凍保存，所以一整年都能源源不絕的供應，是主廚愛用的高湯。 **作法請見第100頁**

綠雉用刀剁碎後，簡單就完成作為湯料的肉丸。

這道料理是小林主廚根據傳統料理「奶油濃湯」改編而成。為避免綠雉骨熬製的高湯風味太單調，主廚加入新鮮干貝及干貝乾來增加濃郁度，並混入沙拉菜泥。此外，還加入煮熟的蕎麥米及綠雉肉丸作為湯料。為保留奶油濃湯原本使用酸模（Rumex acetosa）這種酸味蔬菜的特色，主廚在湯中滴了數滴白葡萄酒醋。由於濃湯是以蛋黃來增加濃稠度，所以烹調的要點是絕不能煮沸。另外，法國萵苣也改用風味近似的日本沙拉菜。

作法請見第99頁

綠雉爽口奶油濃湯　散發萵苣和龍蒿香味

Soupe de faisan parfumée à la laitue et à l'estragon

野豬喉頭肉和豬血派　佐配包心菜

Chausson d'abattis au salmis

喉頭肉的油花分布豐富又細緻，肉質看起來會讓人想製作絞肉或肉泥。因此小林主廚參考Juel Robuchon先生的料理，以豬血和肝臟製作鮮紅的傳統肉派。當時主廚希望能烹調出自己的味道，於是試著將洋蔥和馬鈴薯混入多餘的喉頭肉中，製成碎肉排作為員工餐點，沒想到完成後卻出奇的可口。絞肉堆放成隆起的山形再加熱，讓派完成後飽滿、豐潤是美味的祕訣所在。製作同樣的絞肉，再以派麵團包住，就變身成為正式的法國料理了。

作法請見第99頁

烤野生仔兔　佐配普瓦法蘭醬汁

Râble de lièvre rôti

以油煎烹調的要領先加熱足量的奶油，一面仔細澆淋，一面將表面煎熟。

對小林主廚來說，這次是他首度烹調日本產野兔肉，和以往送達餐廳後立即烹調的法國產野兔比起來，日本野兔給人的印象是味道較清淡，但是經過一週熟成後，肉質會變得香濃鮮美到令人感動。烹調方式是使用大量的奶油一面澆淋，一面油煎，再用鋁箔紙包裹以餘熱加熱，讓肉質豐潤多汁。醬汁是搭配學自大渕主廚的普瓦法蘭。小林主廚用茶濾、圓錐網篩和餐巾紙3種工具，各過濾1/3量的醬汁後混合。這樣經過熬煮後，不但能維持醬汁濃郁的味道、芳香怡人，還十分的濃稠。

作法請見第99頁

小林主廚表示新潟產母綠頭鴨肉質柔嫩、鮮甜。相對於標準型一隻重900g～1kg，他都是購入1.25～1.47kg稍大體型的。因為符合這兩項條件的綠頭鴨富含油脂，煎起來會散發和日本牛的菲力肉近似的香味。雖然血醬汁一般都是搭配切薄片的肉，但柔嫩的母鴨肉切厚片才更美味。整隻鴨要花長時間烹調才會豐潤多汁，主廚想到吃剩的料理可讓客人打包回家，因此決定一次用一隻鴨做成2人份的料理。 **作法請見第98頁**

利用榨柑橘類水果的榨汁器將骨髓和周圍的血徹底榨出。

烤新潟產綠頭鴨　佐配血醬汁

Canard sauvage rôti au sang

信州野味和豐富的食材

在山林不斷
被鹿群破壞的長野縣，
建立「信州野味」的品牌，
成為對付有害鳥獸的對策之一。
主廚對長野縣蓼科地區
豐富的野味和食材深深著迷，
他花費許多時間與精力，
希望將它們活用於料理中。

Photo Touru Kurobe Text Masako Takahashi

藤木德彦

AUBERGE ESPOIR

Norihiko Fujiki

1971年生於東京都。高中畢業後，在長野縣內的旅館學習。目標是將來也能開設一家溫馨的旅館，98年時「ESPOIR」正式開幕。由雙親、妻子和妹妹夫妻等6人共同經營，所推出的家庭風味料理和鄉土料理深獲好評。

ESPOIR

地址◆長野縣茅野市北山蓼科中央高原
電話・FAX◆0266-67-4250
http://resort.wide-suwa.com/espoir/
營業時間◆11時30分～14時30分（LO）
17時30分～20時（LO）
例休日◆週四
8月無休、3月的第3、4週休息
午餐套餐◆3600日圓
晚餐套餐◆10000日圓
＊有各種野味單點料理
住宿◆1夜2餐大人1名　17320日圓起

蓼科產鹿肉自製的義式臘腸 信州蘋果香味

這道料理是使用ESPOIR的所在地——蓼科這片廣大森林所獵獲的鹿。主廚表示加入血和內臟，鹿肉會更濃郁美味，同時也能將血和內臟的價值傳達給客人。為了讓臘腸完成後風味更香濃、均衡，還加入滋味酸甜的蘋果。

作法請見第98頁

建於庭院中的燻製小屋周邊飄散著獨特的燻香。

佐味酒飲

安曇野Souvignon Blanc 2002年（Suntory股份有限公司鹽尻Winery）

在每年12月會製作一年份的臘腸。

被信州豐富的大自然深深吸引

在東京長中的藤木德彥先生，高中畢業後，就到位於長野縣茅野市的旅館工作七年的時間，除了烹調外，他一面學習庭園、建築物等各項管理事宜，一面積極計畫未來將開設的旅館。

從自已感興趣的野生鳥獸開始，他為了深入了解食材知識和累積經驗，也實地到國內數處屠宰場、市場及義大利料理店工作，在98年時ESPOIR終於正式開幕。

長野縣南北狹長，地形十分複雜，因此生長在那裡的動植物也相當多樣化。藤木先生以蓼科地區為中心，實地到信州各地了解食材，對信州食材的豐富性深深著迷，開始積極運用在料理中。

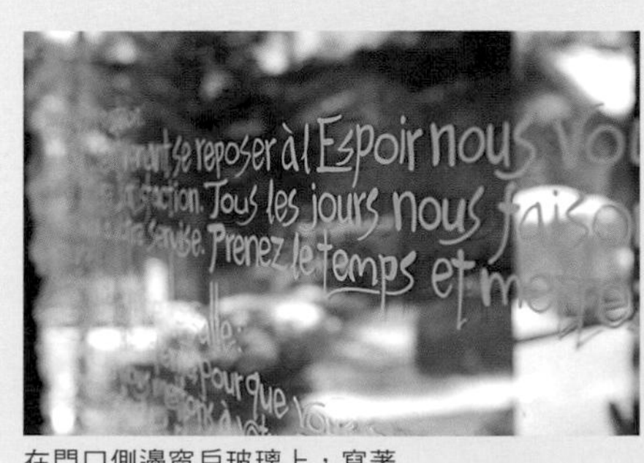

在門口側邊窗戶玻璃上，寫著饒富情趣的法文。

野味也是地產地銷

「地產地銷」意指在某地風土氣候下生長的物產，即在當地趁鮮食用。由於生產者、料理人和食用者彼此都能見到面，因此消費者能親自確認食物的品質和安全性。

藤木先生也力行實踐「地產地銷」的主張，為了能在當地購齊各種野味，他拜訪了縣內許多位獵人。

因而得知野兔和山鷸最難獵獲。

進入狩獵期間，在開始下雪的11月15日左右，野兔全身的毛會轉變為純白的保護色，只有耳尖才留有少許黑毛。在雪中獵捕時，只能憑那點黑毛作為目標，即使經驗老道的獵人也很難發現牠們的蹤跡。

「很意外自己獵捕的鴨子，能烹調成法國料理」矢島先生如此表示。藤木主廚手中拿的是剛捕獲的花嘴鴨。

油煎大鹿村產的鹿腦 佩里格醬汁 佐配山藥

主廚希望以簡單的油煎法，來傳達新鮮腦髓的美味。作法是將腦髓沾上麵粉，再用油煎。事先不用沸水汆燙，是為了避免破壞細緻的鮮味，而且奶油中還混入等量的花生油增加香味。為襯托腦髓泥一般柔細的口感，特別搭配口感截然不同的山藥。另外主廚使用白波特酒製作淡味醬汁，以佐配這道風味清淡的腦髓。

作法請見第97頁

佐味酒飲

山邊夏多內（Chardonnay）2004年（葡萄鄉山邊股份有限公司）

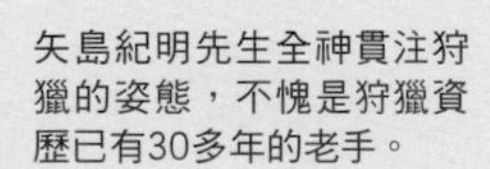

矢島紀明先生全神貫注狩獵的姿態，不愧是狩獵資歷已有30多年的老手。

他拜訪周邊的獵人後，又去拜訪住在北信下水內郡榮村，據說是秋田Matagi（譯注：Matagi是日本東北地方和北海道地區以古法狩獵的優秀狩獵集團）後代的獵人，希望這些獵熊的獵人能為他捕獵野兔。

即便如此，在狩獵期間，他們也勉強只能捕到1～2隻野兔。11月初及3月初時，旅館也會使用依據驅除害獸政策，合法獵捕到的野兔。

山鷸因肉質鮮美，特別受到青睞，在法國因濫捕導致數量銳減，所以規定禁止獵捕。在長野縣的輕井澤及立科女神湖周邊，能發現到牠們的蹤跡，藤木先生都是向立科獵人購買。

他表示有很多獵人光從狩獵書籍或圖鑑吸收知識，實際上一些夜行性動物，都沒有親眼見過，有時聽到陌生的鳥叫聲，甚至不知那就是山鷸。

藤木先生將實際獵物拿給獵人看並向他們說明，結果在05年的野味季時，他購得15隻山鷸。

藤木先生還表示，小水鴨能和綠頭鴨一起獵捕。擊中牠們雖然容

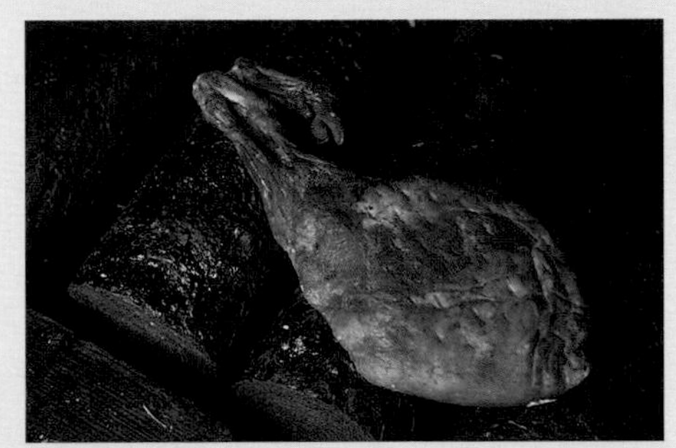

仔野豬製的生火腿，每年陸續製作6頭份共12隻的腿。

佐味酒飲

Souvignon Blanc1997年
（Azumi Apple股份有限公司）

諏訪市後山產仔野豬製成的帶骨生火腿 野菜和菊芋的爽口沙拉

以冷燻法製作的生火腿，不但豐潤多汁，而且芳香濃郁。櫻木高雅的香味，最能襯托野豬脂肪的香味與瘦肉的鮮味。藤木主廚沿著山路散步時，會一面品嚐路邊的野草，經常藉此獲得烹調的靈感，這道沙拉就是這樣產生的，它是用和野豬具有相同生命力的野草混合而成。秋天發芽的野草，冬天甜味增加，因此主廚希望大家能品嚐到它們的美味。

作法請見第97頁

易，但是牠們中彈後會潛入水中，由於口中還含著水草所以會沉入水中，變得很難回收。

新鮮、細緻的信州野味

主廚說向當地獵人購買野生鳥獸最棒的地方，就是超級的新鮮。何時、在哪裡、由誰、如何捕獲的、吃什麼食物等等，所有狀況都一清二楚，讓人十分放心，而且還能自己調整喜歡的熟成度，這也是一大魅力。

當然，藤木主廚也能買到新鮮的血和內臟。鹿和野豬被捕後，一定要立刻放血，所以當獵人連絡他時，他就會立刻放下手邊工作急忙趕去。

放血是影響肉質風味的重要作業。動物捕獲後，切開腹部取出內臟，同時放出體內的血。接下來有些獵人的處理方式是直接將雪填入腹內，有些獵人會就近取湖水，將腹腔清洗乾淨。更慎重的獵人，則會將獵物浸泡在湖中1個小時。

鹿的體溫高達40度，內臟會很快發酵。捕獲後放置30分鐘不處理，腹部會立刻充滿毒氣變得膨脹隆起，一旦這樣不只是內臟，連肉吃起來都會有臭味。相反地，如果過度放血，又會使肉中的野味喪失。

即使在同地區捕獲的鹿或野豬，因個體的差異，也會採取不同的放血法。

那是野味棘手的地方，也是它有趣的地方，配合不同肉質採取不同的熟成法與烹調法，任何環節都要花費心思。

長野縣捕獲的鹿、野豬、野兔，全都有一股淡淡的獨特香味，風味細緻，即使剛接觸野味的人也很容易接受。主廚表示胡椒會蓋過野味細緻的香味，所以原則上要用最少的量。

在長野縣，規定向獵人購買動物時，都必須整頭購買。除背肉、腿肉以外的其他碎肉主廚都會保留，

上伊那郡高遠產竹雞和燉烤冬季蔬菜鍋

竹雞屬於綠雉科的野鳥，風味和綠雉類似都較為清淡，然而肉質一如野鳥般極富彈性。這道料理是將胸肉、凍蘿蔔和大量的蔬菜混合，用竹雞高湯燉烤，使菜料充分入味。凍蘿蔔事前已先燉好，風味更濃郁。

作法請見第97頁

佐味酒飲

Bienvenues Batard-Montrashet 1985年（Pierre Andre）

香煎上伊那郡高遠產的竹雞連骨腿肉原種米和野米沙拉

辛香料更加突顯出竹雞腿肉的風味。將香菜籽、蒔蘿籽和白胡椒以2：1：1的比例充分混勻，只需撒上1小撮，就能使腿肉的風味更誘人。在野米中還加入黏性強的原種米，以增加口感的變化。

作法請見第97頁

內臟和腦髓也會取下。

大自然賜予的寶貴生命，主廚絲毫不會浪費，他會製成義式鹿臘腸、皇家風味野兔，或是在設於旅館附近的煙燻小屋，自製成野豬生火腿。

守護食材和環境

2002年度，長野縣農作物被鹿隻損害總額高達4億3862萬日圓。

在下伊那郡大鹿村，總人口約為1300人，鹿隻卻高達7～8000頭。當地人常笑說「如果鹿有選舉權，鹿就能當選村長」，雖然這是笑話，卻深刻反應出實際的狀況。

縣內的獵人數量每年持續減少，目前已減至顛峰期的四分之一左右，沒有後繼者也是惱人的問題之一。

如果沒有獵人，就無法獵捕野生鳥獸，農作物被破壞的情形將更嚴重。

不過獵人們辛苦捕獲的野生鳥禽，家人、朋友們往往吃不完，手中多餘的，最後也只能埋入土中處理掉。

此外，森林繼續這樣被鹿和野豬破壞，縣內的森林也會減少。若沒了森林不但水會減少，空氣污染也會更嚴重。「我們奪取了牠們的生命，我想徹底運用應該是最基本的禮貌，也是料理人的使命。我希望能以料理來表現鹿和野豬的生命，

今井先生栽種的牛蒡薊，風味濃郁，氣味芳香，深獲好評。

拜訪農園時，今井先生以辛苦栽種的蔬菜製作的醃菜款待藤木先生。

在溫室採摘水芹的今井先生。寒冷季節時，水芹的甜味和香味變得更濃郁。

熱愛農事的朝倉太太說「種法國蔬菜雖然很花工夫，但掌握訣竅還蠻有趣的」。

朝倉太太屋內的地下室。那裡冬暖夏涼，最適合保存蔬菜。山藥也不會凍壞，能保持良好狀態。

朝倉先生培育出的根芹菜，特色是十分甘甜。

在積雪的田地，為了不讓作物凍傷，覆蓋了塑膠，朝倉太太和藤木主廚正在翻看。

十分耐寒的仿羅馬綠花椰菜，還結了2～3顆果實。

不論血、內臟或任何碎肉我都會慎重運用。」

藤木先生以充分運用當地的野味，來報答獵人們的辛勞，同時為了留給下一代更好的環境，他會繼續使用信州的野生鳥獸。

和農家會面

藤木先生開始拜訪當地的農家時，懇請他們栽種洋蔥、根芹菜等法國蔬菜，不過由於他的購買量很少，而且生產起來極費工夫，所以農家後來都沒有繼續栽種。

此外，法國料理中常使用迷你蔬菜，所以主廚希望農家能夠疏苗，但這和他們既有的常識不符都加以拒絕。不過，他不氣餒繼續拜訪農家，終於出現了解他的想法，並願意配合他要求的農家。

那就是位於ESPOIR旅館附近，生產高原包心菜的名產地湖東地區，有「包心菜達人」美譽的朝倉ふさよ先生。

藤木先生請他栽種目前在網站上能購得的法國蔬菜種子，包括綠花椰菜、仿羅馬種花菜、根芹菜，紫葉菊苣等。

另外他請岳麓Far夢Imai農場的今井明先生，栽種小綠菜、防風阜、水芹等。水芹菜需要用清冽的湧泉栽種，在水結凍的冬季，需用暖房圍住。製作仔野豬生火腿時，就是使用這種水芹作為配菜沙拉。

剛開始的1～2年都失敗，但經

鴨肝用加入野兔心臟和肝臟的絞肉包裹後，再用腿肉包起來。

佐味酒飲

Chateau Latour Pauillac 1961年

下水內郡榮村產的皇家風味野兔

野兔最適合烹調傳統法國料理。信州野兔燉煮後香味變得非常高雅，即使初嚐野味的人也很容易接受，但味道上似乎還稍嫌不足。為了加強鮮味與香味，主廚燉煮前先將帶骨腿肉直接放入紅酒中醃漬，讓骨頭的風味滲入醃漬液和肉中。在燉煮階段又加入2隻份的骨頭，才完成皇家般的豪華風味。

作法請見第96頁

在嚴寒的氣候下，將去皮白蘿蔔橫切成圓塊，用水煮過後，再放入水中漂洗去除澀味，掛在竿上晾乾。夜晚讓它冰凍，白天讓陽光暴晒脫水。受寒風吹襲持續約1個月的時間，等到蘿蔔中水分完全喪失，凍蘿蔔即完成。

過不斷研究播種法和肥料等，如今已能順利收成。每當蔬菜豐收時，今井先生的喜悅之情溢於言表。

傳統食材和法國料理融合

藤木先生四處探尋食材的過程中，信州的傳統食材引起他極大的興趣。

看到朝倉先生製作的凍蘿蔔，他滿心的感動。這種以古法製作的醬菜，可以保存長達一年的時間，由於製作起來非常費工，如今不論是會製作的人或知道這種菜的人，據說都已絕無僅有

「當地人累積出的生活智慧及重要飲食習慣，不能讓它消失。我想我能做的，就是盡力去了解和活用」主廚在ESPOIR的菜單中，也積極的納入這些食材。

位於長野縣南部的蓼科，自古就有互相饋贈山藥的習慣。於是主廚想到使用當地人熟悉的山藥，來平衡他們不熟悉的鹿腦，因而研發了

圖中全部都是當地採摘的蔬菜。前面左邊算來第二樣蔬菜，是特別栽培的沖繩原產的島胡蘿蔔。

剛取出的鹿肝臟，上桌時新鮮得幾乎像生的一樣。為了不讓野味流失，料理前也不清洗。

佐味酒飲

Chateaulion 1975年（Suntory股份有限公司）

低溫油煎大鹿村產的鹿肝佐配核桃油醋醬汁

肝臟的烹調方式是這道料理的關鍵。以高溫快速加熱肝臟不但會變得乾硬，而且會產生臭味，所以要用低溫慢慢加熱。一開始先用奶油將表面煎得稍硬，差不多是用手指按壓會滲出血的程度，之後用43～45度加熱約30分鐘讓它慢慢變熟，才會有柔細如泥的口感。鬼核桃只要對剖，以保持香味和口感。當地生產的根芹菜甜味重，和肝臟非常合味。 **作法請見第96頁**

佐味酒飲

花醉2001年（林農園股份有限公司）

香煎諏訪市後山產仔野豬背肉佐配信州菇類和牛蒡薊

為了直接呈現脂肪的鮮美滋味，這道料理只簡單的油煎。主廚用菇類和牛蒡薊製作配菜，或許是聯想到野豬在森林覓食的景象。用煎背肉剩餘的油炒菇類，使其也含有野豬的風味。加入醬汁中的鹽漬菇，是長野縣傳統的醬菜。高湯的作法是將切下的仔野豬頭和背骨，汆燙後不經燒烤，直接熬煮以萃取濃郁的野味。 **作法請見第96頁**

「油煎大鹿村產的鹿腦　佩里格醬汁　佐配山藥」這道菜。

信州野味帶來的活力

長野縣的宣傳活動很密集，有關野味的各種資訊，不斷在電視、報紙、雜誌、網路等處放送。

透過媒體的報導，認真的藤木主廚逐漸打開知名度，邀請他講授野味烹調法的活動也大為增加。

一直在諏訪市獵捕鴨類的矢島紀明先生，以前捕獲的獵物都只是自己或給朋友食用，但是當他在報紙上看到藤木主廚後，主動與他聯絡希望獵物能作為食材活用於料理中，因而與主廚結識。

隨著信州野味成為著名品牌，不論是當地或其他縣市的料理人和生產者之間的交流都更趨活絡。

未來的夢想是開發食材和打獵

在堪稱食材寶庫的信州發掘未知的食材，或是和生產者一起努力開發食材，成為藤木先生未來課題。

大鹿村鹿鹽地區會湧出和海水濃度相同的鹽水。用這種鹽水熬煮的「山鹽」，富含礦物質，十分鮮美。藤木主廚會將它混入奶油中佐配麵包，或撒在巧克力派上。

他製作的麵包，是使用加入麥糠，口感Q韌的當地產的Umeashi麵粉，並用從松本釀造農莊收到的梅洛種葡萄酵母發酵而成。

香煎上伊那郡天龍川產的小水鴨　莎美斯醬汁

從獵物的食物能了解牠的肉質和風味如何，所以藤木主廚使用鳥類時，都會先檢查牠的胗（食道呈袋狀的部分）。這隻小水鴨的鴨胗中裝滿了米粒，所以滿覆油脂的肌肉風味想必也十分美味。為呈現表皮的鮮味，主廚將表皮充分的煎至上色。腦髓也很美味，所以頭部經油煎後也一起上桌。莎美斯醬汁中使用了金背鳩和鴨高湯。熬煮高湯的骨頭沒有經過燒烤，葡萄酒是使用風味濃郁的Chateauneuf du Pape。

作法請見第96頁

佐味酒飲　Chateau Izutsu 1998年 紅酒（井筒Wine股份有限公司）

各式各樣的自製麵包。位於圓籃前面的是使用Umeasahi麵粉的麵包。

第二列左邊的白盤上是山羊洗浸起司，中間是內部注入黴菌的山羊藍黴起司，右邊是「Crottin」風味的山羊藍黴起司。旅館還供應清水牧場、蒲公英堂、風谷農場等，被評鑑為優良酪農的商家所製作的優質起司。

位於大鹿村的起司工房「Alp Kase」，是一家養了3頭娟珊牛(Jersey)和2頭山羊的小型酪農家。工房老闆小林俊夫先生堅持放養牛、山羊的草地上，絕不使用任何化學肥料和農藥，而且製品中也不加入任何食品添加物。

小林先生覺得有濃嗆氣味的起司客人較不愛，藤本主廚再三央求他幫忙製作ESPOIR特製「Crottin」起司，在內部注入黴菌的山羊藍黴起司，以及山羊洗浸起司等三種起司。最後他答應製作，也獲得客人極高的評價。

像這樣一面與生產者切磋鑽研，一面發展信州品牌的食材，是藤木先生內心渴望追求的。

藤木主廚夢想著，終有一天用自己獵捕的野生鳥獸來料理。為了取得狩獵證，他不但去上課，也準備了獵具，儘管沒那麼容易，但他認為如果自己狩獵，那麼料理內容一定也會有所變化。相信在不久的將來，主廚親自獵捕的野味將出現在ESPOIR的菜單中。

ESPOIR備有各式法國產和信州產的知名葡萄酒，這次主要是使用信州產葡萄酒，來搭配各式料理。

了解野生動物的特性 以便分別運用
檢視野味的品質

野生動物的肉質，因不同個體差異甚大。外國產或日本產依品種的差異，其肉質特性和風味可能也截然不同，希望讀者能充分掌握其特色。以下將以日本產野味為主，為您介紹積極將野味商品化的地方自治團體。

取材・文 高橋昌子

France 法國
限制鳥類輸出 檢疫也很嚴格

輸入日本的野味中，來自法國的占了絕大部分，但那些並非全是法國產的。法國為歐洲第一大食材市場，匯集了英國、比利時、匈牙利等歐洲各地的野生鳥獸，再運往日本，購入時較難限定野味的產地。

法國的狩獵期是8月下旬～隔年2月下旬。日本進口綠頭鴨和野兔大約是在10月中旬～隔年2月上旬，山鶉和綠雉是10月中旬到12月全月間。

天然的山鶉和綠雉的數量很少，山鶉大多都採取「半飼養」方式，飼養在樹木上蓋著大網的廣大飼養場中。而綠雉幾乎都是養殖後野放，使其野生化的鳥隻。

北方快遞股份有限公司營業部長花岡健美先生表示，似乎受到全球性氣象異變的影響，野生鳥類的數量少了一部分。05年產季時山雞也銳減很多。

山鷸更因數量銳減，開始受保護禁獵，目前大多是仰賴英國和比利時產的。

目前，世界各地都有禽流感和新城病（Newcastle disease virus）等問題，新城病屬於病毒感染，特別容易在鳥類之間傳播。發病時鳥類會有腳部麻痺、頸部歪斜等症狀。

05年7月時，法國的綠雉間流行新城病，06年2月時，火雞發生禽流感，一時之間法國鴨、鵝肝和雞等都禁止輸出。

目前，必須通過嚴格的檢疫，才能獲准輸出，連帶頭部、翅膀和內臟的鳥禽，僅有極少數才能拿到輸出許可證明，所以日本幾乎都沒進口。野兔現在也正逐漸減少中。

運用五官來辨別野味

花岡先生表示，檢視野味的品質時，任何種類的鳥獸首先都要選擇外觀漂亮的。健康的動物皮毛、羽毛一定很漂亮。

接著確認大小，用槍捕獵的子彈射在哪裡，若用陷阱捕抓的，身上的傷勢如何，對肉和內臟是否有影響，這些都要去了解。

子彈射中心臟和腦部瞬間擊斃的最佳，一旦射中內臟，雖然不至於不能使用內臟，但這樣血會回流肉中產生臭味。野兔和鳥類都可從唯一露出的器官，也就是眼睛來查看狀況，新鮮的眼睛十分明亮不混濁。

鳥類還可以用手觸摸來確認皮下脂肪的多寡，及內臟的軟硬度。特別是從臀部到腹部之間也可用來檢視新鮮度。

越熟成的摸起來會越軟，但因為脂肪冷藏後會變硬，所以僅管肉已熟成，但有時摸起來可能還是硬的，即使是專家可能都很難辨別。鳥類最好拔去一部分的毛，檢查皮和肉的狀態。

氣味也是重要的判斷條件之一。鳥類帶毛的狀態下沒有不自然的氣味，應該就是新鮮的良品。

野兔則可以聞一下嘴巴的味道，來了解熟成的情況。

熟成後特有的味道的也會變濃，但那絕非不好的氣味。在大自然良好的環境中成長的動物，不會有不好的氣味。

鹿肉可從切面來了解脂肪和瘦肉的分布情形。不同季節油脂的多寡也不同，氣候變冷脂肪會增厚。僅管同為瘦肉，但年幼母鹿的顏色較淡。

用手觸摸肉時，不論是順著切面和肌肉纖維的方向或相反的方向，可從多方向來確認狀態。母鹿肉的纖維很細緻、柔軟，有些主廚則偏愛公鹿強烈、直接的風味，配合用途選用適合的肉來烹調很重要。

另外也要了解捕獲的地點。棲息在沿海的鴨子，有些附近還有森林和水田，吃米和野草種子等的鴨子，肉質較佳。

但住在少有植物、穀物等食物的海邊，大多都是吃海裡魚的鴨子，肉裡便會有魚腥味，新鮮時不太感覺得到，但加熱時就會散發出來。購買時了解產地在哪裡，大致就能推測出鴨隻是吃什麼食餌。北方快遞股份有限公司的商品，從新鮮的到各種熟成度的野味一應俱全。

最近風味淡、未熟成的肉品銷售訂單似乎有增多的趨勢。雖然有些主廚不管時代的需求，也用未熟成的野味烹調，但是野兔等野味熟成後，肉質確實會更柔嫩，也更具有風味。

若能了解各種料理適當的熟成度，野味料理的範圍將更為寬廣。

接觸許多食材，同時還要滿足各類型主廚的要求，累積相當多經驗的花岡先生，確信最恰當的熟成度，是讓野味吃起來更美味的方法之一。

Canada 加拿大
在衛生健康的環境下 飼養的野豬和綠雉

進口日本的野豬中，約有九成是加拿大產的。

大約在十多年前，加拿大才自歐洲引進野豬，主要飼養在西南部廣大天然的洛磯山脈邊，以亞伯達省（Province of Alberta）為中心。加拿大亞伯達省野豬協會，針對飼養方式、飼料等都有詳細的規定，惟有明確符合各項條件的野豬，才能送到衛生工廠製成商品。

北方快遞股份有限公司販售的

是魁北克州產的野豬。牠們放牧在有許多樹木、野草種子和穀類的山上，脂肪多、品質又佳。

Shinpoh股份有限公司僅販售位於加拿大中央位置的曼尼托巴州（Manitoba），生產純種野豬及未生產過的母野豬。其特色是肉質十分柔軟，沒有臭味。飼育過程中完全不施予生長激素和抗生素，飼料主要是使用該公司自己栽種的大麥、燕麥、小麥和苜蓿。屋外有完全自動的給餌系統，以及完善、衛生的溫水給水設備，即使零下40度水也不結凍。

綠雉則飼育在大平原上，身體健康、肉質富彈性。最後在清潔衛生制度據說是世界最嚴格的工廠中，進行宰殺和肢解一貫作業，一流的鮮度是他們的賣點。

New Zealand 紐西蘭

主要飼養紅鹿

自從1769年，英國人詹姆士・庫克（James Cook）登陸紐西蘭後，歐洲移民逐年增加，鹿也被引進紐西蘭。

從那裡輸往日本的飼養鹿中，約有85%是紅鹿。自60年代開始飼養到05年時，總數約達180萬頭。

在廣大的牧場飼育的健康鹿隻，以新鮮的牧草（冬季是乾草）為食，最後在引進HACCP系統（國際採用的食品衛生管理系列）衛生的食肉處理工廠加工。所以類似庫賈氏病（Creutzfeldt-Jakob disease）的鹿種疾病，或是鹿慢性消耗病（Chronic Wasting Disease, CWD）等，在紐西蘭都不存在，能讓人安心食用。

肉的特色是風味清爽、柔嫩。Japan Food & Liquor Alliance食品販售股份有限公司的Arcane事業部、Shinpoh股份有限公司、Gourmet-meat股份有限公司、MAAM股份有限公司等都有販售。

Great Britain 英國

北蘇格蘭是野鳥名產地

在英國，尤其是多湖泊的蘇格蘭地區，是候鳥和喜好棲息在水邊的野鳥的寶庫。

那裡能獵捕到斑尾林鴿、山鷸、綠雉、山鶉、山雞、綠頭鴨、小水鴨等各種優質野鳥。

目前北方快遞股份有限公司販售的野鳥，大多都是從北蘇格蘭進口的。

其中，山鷸極受主廚們的好評。棲息於蘇格蘭富饒的濕地地區，捕食豐富昆蟲的山鷸，肉質具有濃郁的風味。由於牠們也適度攝取樹木果實等食物，因此肉質風味十分均衡。

紅山雞在日本也是大眾熟悉的野鳥，因而頗受矚目，尤其受到偏愛有獨特氣味的野味迷的歡迎。

Japan 日本

北海道善用蝦夷鹿的各項措施

北海道固有鹿種蝦夷鹿，明治初期在濫捕和暴風雪的影響下，面臨數量銳減，瀕臨滅種的危機，明治21年（1888）時，北海道修法明訂禁止獵捕。

在既沒有導致無法覓食的暴風雪侵襲，也無天敵蝦夷狼的今天，北海道的蝦夷鹿數量，反而激增至足以威脅人類生活的程度。

目前，北海道分為東、西兩大區塊，實施蝦夷鹿的聯合防制措施。根據北海道廳環境生活部環境局自然環境課的資料顯示，釧路、十勝、網走、根室所在的道東地區，05年度時，依據推測共分布13~23萬頭。

從北海道蝦夷鹿所造成的農林業損失的資料來看，雖然比高峰期96年度的50億日圓有略減的趨勢，但05年度時仍高達28億2800萬日圓。列車及交通意外事故發生率也很高，也有許多人因交通事故而死傷。

北海道基於法律特定鳥獸保護管理制度，訂定了「蝦夷鹿保護管理計畫」，目前正一面進行有關蝦夷鹿的各項調查，一面給予適當的保護管理。目前，為維持穩定的數量，讓蝦夷鹿數量不再暴增，已放寬禁止獵捕的相關規定。

不過，捕獲的蝦夷鹿，獵人除了分給朋友和家人享用外，其餘幾乎都只能當作垃圾處理掉。因為要負擔處理的費用，想到這一點獵人們都不敢多捕。其中，還有些人捕獲後無法處理就暫放著。吃了擱置的蝦夷鹿肉和內臟的虎頭海鵰（Haliaeetus pelagicus）和白尾海鵰（Haliaeetus albicilla），也一併將違法使用的鉛彈吃入體內，造成鉛中毒的案例也時有所聞。而虎頭海鵰和白尾海鵰都是主要棲息在北海道的自然遺產。

獵人高齡化、獵人減少、繼任者不足等，都是獵捕數無法增加的原因。78年時全道登記的獵人約有兩萬人，但到了05年時，卻減少到還不到一半的八千人左右，而且主要成員還都是60、70歲的年長者。

不過，蝦夷鹿這個棘手的動物，另一方面也是北海道的珍貴自然資源。自從積極將牠們當作肉食食品後，獵捕數開始增加，同時也訂立對調節數量有很大效果的「蝦夷鹿保護管理」制度。

為了讓善用蝦夷鹿的措施能長久實行，而不單單只是一時流行而已，北海道廳在05年時，將如何廣泛流通當作課題加以探討，06年時製定野生蝦夷鹿肉衛生管理說明書，檢討建立能讓消費者安心使用的措施。

從捕獲、肢解、衛生管理、商品化、流通，一直到振興觀光、提振地區經濟等，北海道將目標放在提振整體發展上，並在道內各地設立處理蝦夷鹿的現代化食肉處理設備，展開各項因應措施。

蝦夷鹿肉味道的評價也很兩極化

社團法人蝦夷鹿協會是擔負起重重困難，負責解決問題的單位。

該協會經計算後發現，每年若能善用三萬頭蝦夷鹿，至少能帶來150億日圓的經濟效益，對不景氣的北海道經濟可能帶來相當大的幫助。

《餐桌上的蝦夷鹿》一書的作者，也是酪農學園大學教授的大泰司紀之先生，在84年時，研究英國的政府機關「紅鹿協會」發現，該協會透過蒐集到的紅鹿詳細資料，來決定獵捕的頭數。獵人捕到的獵物，經由獲得自治體許可證的業者解體處理後，再販售到國內外。

以如此周全的保護管理制度及運營方式作為基礎，再將它變換成日本適用的形式，於是在2000年7月，社團法人蝦夷鹿協會正式成立。成員包括：北海道獵友會、獸醫師會、市町村、農業合作社等50個團體，以及約27位個人參加。

蝦夷鹿協會共分4個部會，分頭進行保護管理工作。

為決定蝦夷鹿獵捕數量，他們其中一項工作是協助調查鹿隻的棲息數和增加率。其次是，指導獵鹿的相關知識和協助培訓獵人，第三項工作是研究如何防制森林、農作物不受鹿隻損害。此外，為了能將鹿肉活用於料理中，他們也負責確立品質管理的標準，以及舉辦各項推廣活動，讓更多人能享受到鹿肉的美味。

直到今天，就算在北海道，也只有在十勝足寄町等獵鹿風行的地區的家庭餐桌上，才能看到鹿肉，在一般地區仍不多見。

不過，曾在中歐洲研習的主廚們，倒是已將鹿肉帶進餐廳裡。除北海道之外，例如在東京，將鹿肉歸在野味料理中納入菜單的餐廳，近來確實增加許多。

鹿肉是天然食品的特點，也是受矚目的原因之一。生長在富饒的北海道大自然中的鹿隻，以天然食物為食，完全沒有使用成長激素或抗生素等化學物質。

其肉質不易引起過敏現象，無法接受其他畜肉的人們，對其需求量也與日俱增。

蝦夷鹿協會不斷考察法國料理、日式及中餐的料理師傅們，運用蝦夷鹿所設計的菜單，舉辦各種講習會和試吃會，還積極介紹在道內有蝦夷鹿料理的餐廳和肉店等。

在該會的網頁中，事務局長井田宏之先生，親自上場介紹拿手的蝦夷鹿料理，並附圖片詳加解說作法。此外網頁中還有譯自外文書的菜單，可供大眾參考。

在道內，有新得町上田精肉店、西興部村田尾商店、靜內町的靜內食美樂等店獵捕販售蝦夷鹿肉。靜內食美樂店十分講究肉品的熟成度，那裡販售的蝦夷肉都是在零度的溫度下，經過兩週熟成的肉品。

阿寒、根室也有販售的業者，蝦夷鹿協會均有介紹它們的通訊資料。

東京的川島食品股份有限公司，主要是獵捕販售釧路近郊白糠町產的鹿隻。

為了不破壞里脊肉和腿肉，他們都是射擊頸部到肩部之間，然後迅速放血處理，所以肉質極佳。

以建立信州野味品牌為目標的長野縣

長野縣的農山村，因農林業勞動力下降、獵人減少又高齡化等因素，農作物受到以鹿為主的鳥獸破壞的情形日益嚴重。

從76年最盛時期的1萬9450位獵人，到04年時只剩下5095位，銳減了約四分之一的人數。

長野縣廳林務部森林保全課的森林鳥獸保護單位，為了解決問題，訂立有效運用野味作為食材的方針，致力將「信州野味」產業化。

從介紹販售鹿、野豬等大型動物的業者，及獵捕鳥類的獵人開始，積極舉辦試食會等推廣活動，日後，預定仿效法國的AOC（原產地名稱統一管理法）制度，清楚標示野味的捕獲地、捕獲者和狩獵方法等，嘗試保持其原有的特色。

在縣內，本州鹿以「信州鹿」之名販賣。另外也販售稀少的山鷸、野兔、鴨類和黑熊等。生活在自然環境中，採食天然食物的野生鳥獸，體內沒有殘存飼料的抗生素等問題，是它吸引人的地方。另外該單位也養殖野豬、綠雉、銅長尾雉等。

在縣內運用信州野味的餐廳理所當然也逐年增加。

「鄉村餐廳匠亭」的老闆兼主廚青木和夫先生，也是一位獵人，他每天都會出去捕獵鹿和野豬。他考慮食物最好能地產地銷，因此運用它們來製作肉排、咖哩和漢堡等大眾熟悉的西式餐點。雖然製作正統的法國野味料理也很好，但他覺得在那之前，很重要的是應該讓孩子、老年人以及不習慣野味的人，也能了解野生鳥獸的風味。

鹿肉涼了之後油脂會凝固，和冷飲一起食用的話，容易殘留在口中，所以烹調的訣竅在於先儘量去除脂肪，再以奶油和油補足風味。

另一家，由宮崎一彥先生擔任主廚的「La Poste」餐廳，全部的野味都是向當地的獵人購買。這樣不但能買到自己喜歡的熟成度，而且獵人們也了解宮崎主廚的偏好，這些都是在當地購買的好處。如果遇到一家三頭鹿時，最前面帶頭的大鹿是親長，最後面小的是今年才出生的仔鹿，而中央在去年出生的2歲鹿最為美味，這時就要狙擊中間的。

鳥類的中彈部位雖然重要，但更重要的是獵犬的咬痕。獵犬銜咬不當，可能會把肉損傷得很嚴重。宮崎主廚都會仔細精選，避開有這些情況的商品。

冬季仍美味的島根夏野豬

位於島根縣中央的美鄉町，希望大眾夏季時也能善用當地的野豬肉，縣政府於是出面協助積極促銷。美鄉町野豬破壞農作物的情形嚴重，僅管獵友會會幫忙驅除，但因夏季時沒人吃野味，所以目前都是將捕獲的野豬做掩埋處理。

溫暖季節裡據說野豬的脂肪少，風味也較淡，不過野豬捕獲後迅速處理，且沒有外傷的話，風味完全不輸於冬季。島根縣的島根風味開發指導中心，呼籲大眾多使用當地的夏野豬肉，並研發出許多菜色。

該縣的農林水產部森林整備課鳥獸對策室主任技師高橋誠先生表示，在試食會中，清炸、佃煮料理和咖哩飯特別受到大眾的好評。野豬里脊肉部分的脂肪，和豬肉、牛肉比較起來，由於融點且亞麻油酸等含量高，入口不易融化，吃起來口感相當細滑。

美鄉町全年都有販售野豬肉，何時、何地、由誰捕獲，以及捕獲的方法和處理過程等，都有公開的資料可供查詢。

上等風味的熊野綠雉

位於三重縣熊野市紀和町的財團法人紀和町故鄉公社，是少數幾個有飼養、販售綠雉的自治體。這項含蓋全村的事業自二十年前開始發展，至今它已成為三重縣的特產品。

在當地日本綠雉是野放用，而作為食用飼養的是朝鮮綠雉。牠們原棲息於中國和朝鮮半島，在法國主要也是飼養朝鮮綠雉作為食用。

在4～6月期間，一隻綠雉大約會生40顆蛋，春天所生的蛋，會在1萬6千平方公尺大小的野外飼養場中孵化，用引自紀和町山中的清水和專用的優質飼料飼育長大。

在秋到冬季期間，只有肉質口感和風味最佳的6個月左右的幼鳥，會被製成商品。12月～隔年2月左右，才可能買到帶頭、翅膀和內臟的產品，除此之外的時間，都只能買到去頭、翅膀和內臟的產品。

綠雉肉質口感十足，風味濃厚，卻又很清爽、高雅。特點是變涼後沒有怪味。和雞肉比起來，它的蛋白質含量較多、脂肪少、熱量低，更為健康。

在東京奧多摩建設的鹿專用加工設施

位於東京保有豐富自然環境的奧多摩，當地野生本州鹿隻的增加，也造成森林和農作物的損失。

奧多摩町辦事處獲得獵友會的協助，組織了獵捕大隊，計畫在06年4～9月期間捕獲190頭鹿。

為有效運用獵獲的鹿隻，他們還建立了鹿專用的加工設施，自06年6月1日開始販售東京產的野味。町職員自願參與研發料理，期待在未來能擴大消費。

食用穀類肉質佳的水鄉產鴨

因鴨子飛抵而聞名的水鄉，是指從千葉縣佐原市到茨城縣潮來市及其周邊一帶。那裡有利根川流經，每到11月時，河邊都有綠頭鴨等冬鳥飛來。受惠於那兒是產穀地區，飛抵的鴨子能飽食稻米，不論肉質或脂肪含量都極佳。在溫暖不結冰的水面，即使在寒冬期仍有豐富的食餌，使得那兒的鴨隻都很有肉。

千葉縣香取市股份有限公司的須田本店，只販售在水鄉地帶捕獲的綠頭鴨。他們狩獵後會立即處理，再予以真空冷凍，因此非常地新鮮。

以日本傳統的無雙網獵捕獲鹿兒島的鴨子

在日本有自古傳承的捕獵法。鹿兒島縣出水市就是使用傳統的無雙網來捕鴨。出水平原是著名的鶴隻飛抵地，對野鳥來說那裡的環境良好。

捕捉鳥類的陷阱有無雙網和張網等數種，在日本最廣泛使用的是無雙網。作法是在水田等地面設置網後，先施放幾天誘餌，再放置引誘的鴨隻，以利誘捕更多野鴨，然後用鋼絲線將網拉起捕捉。

川島食品股份有限公司捕捉鴨類時，為了施放誘餌，在狩獵期撒播了6噸的糙米。吃了米的野鴨，鴨胗裝滿糙米，能讓人留下肉質佳，是美味鴨的印象。而且用網捕捉的特點是不會傷到鴨肉和內臟。

儘可能保留野味的飼養綠頭鴨

位於新潟縣的石津養雞場和福島養鴨場，他們買進獵人們用網捕捉到的野生綠頭鴨，再放入幾近自然狀態的環境中飼養。

母鴨要花時間才能習慣環境變動，最初買進野生鴨，是從下一世代才開始飼養使其繁殖，每年，還會買入公野鴨與其交配，以延續野生的血統。

飼料包括米、草的種子和雜草等，在福島養鴨場還加入能形成對生物有益的物質，對環境具有淨化力的EM菌（有效微生物群，Effective Micro-organisms），使鴨隻的羽毛顏色和肉質變得更優良。

飼育橡實的丹波篠山野豬

著名的野豬名產地兵庫縣丹波篠山，那兒有茂密的雜木林，長著許多野豬愛吃的橡實。吃橡食的野豬滋味豐富，油脂帶有核桃般的芳香，堪稱最上級的美味。

川島食品股份有限公司獵捕野豬，是採用槍擊或設陷阱（地上挖洞）的天然方式捕捉。屠畜後立刻放血、處理內臟，所以鮮度十足，完全沒有肉臭味。

衛生的半飼育野豬

在宮崎縣西都市有一家全國唯一的野豬市場。由O-N Foods股份有限公司經營。他們將捕獵到的野豬，飼養成半飼育的野豬。

野豬有感染疾病的危險，但捕獲後經管理、飼養的野豬，衛生上令人感到安心，這也是銷售時的賣點。他們配合野豬月齡和健康狀態，餵給公司自行調配的飼料，並飼養在大自然中。

每月16日展開拍賣，這裡會聚集來自全國各地的野豬，再分送到以關西為主的各地。

岩手縣飼養的紅鹿

位於岩手縣東磐井郡的館森Ark牧場，是日本罕見的紅鹿飼養場。自1990年開始放牧蘇格蘭產的紅鹿，現在約飼養100～150頭。

鹿肉僅處理成大塊販售，也能以通訊方式購買。在牧場可用鹿肉烤肉，另外，還製成鹿咖哩、鹿腸和鹿大和煮等加工食品。

被稱為下世代肉品的駝鳥和鴯鶓

僅管為人工飼養，但駝鳥和鴯鶓（學名：Dromaius novaehollandiae）卻讓人覺得是野生鳥禽。駝鳥是原產於非洲的草食動物，是世界最大的鳥類，體重可達150kg。具有極強的繁殖力，最近開始在日本各地飼育。

牠的肉質柔軟，沒有怪味和肉臭味，生食尤其美味。和牛肉比起來，熱量大約只有它的五分之一，脂肪只有六十分之一，蛋白質約有二倍，鐵質約有三倍，營養價值極高。

位於茨城縣常南的綠系統股份有限公司，經營日本最大的駝鳥牧場「駝鳥王國」，那裡飼養的駝鳥完全不使用任何生長激素和抗生素等。

駝鳥里脊肉中最高級的上等里脊肉，其肉質柔細如泥，而且心臟的口感也很棒，味道濃郁。覆有許多油脂的內臟，豐潤多汁。

鴯鶓是澳洲原產的草食動物，是僅次於駝鳥的大鳥，體重可達50～70kg。牠的肉多為瘦肉，膽固醇和脂肪成分非常少。口感與鹿肉類似，風味更柔軟、清淡。

以北海道網走市的東京農大Okhotsk campus的學生為主，所經營的「東京農大Bioindustry股份有限公司」，有販售鴯鶓肉和鴯鶓油等商品。目前該公司是從澳洲和美國進口鴯鶓肉，未來將計畫在自己的牧場販賣鴯鶓肉。

蝦夷鹿和野豬的營養學

兩者均為高蛋白質、低脂肪，蝦夷鹿含大量鐵質，
野豬則是含富含必須胺基酸的健康肉品。

文・高橋昌子

蝦夷鹿肉最適合女性

鹿肉脂肪和膽固醇含量很少，與牛、豬、雞肉相較，蛋白質含量更多，所以好消化，更有益健康因而備受矚目。

在釧路短期大學生活科學科擔任助教的管理營養師岡本匡代先生，所率領的研究團體，曾就野生蝦夷鹿的營養成分，做過一番調查和研究。

研究目前仍持續進行中，但從他們分析自01年3月開始到10月所捕獲的個體結果來看，可以很清楚的了解鹿肉的優點。

其熱量不到牛肉的四分之一，不到豬肉的一半，而鐵質含量非常豐富，約為牛肉的七倍，豬肉是十倍以上。

每天人體消耗1.5mg的鐵質，為了彌補損失，男性最好每天從飲食中攝取10mg，女性則需攝取12mg。

日本人的平均飲食生活中，勉強能攝取需要量，但因瘦身和偏食等因素，許多人往往攝取不足。尤其是女性因月經的關係，每次通常約失去20天份的鐵質，所以更要加強補充。

肉、魚、瘦肉中所具有的鐵質稱為「血基質鐵（heme iron）」，和人體內的鐵質性質類似，所以能提高人體內的吸收率。

此外，蝦夷鹿肉和牛肉比較起來，蛋白質約多出兩倍，脂肪則少於十分之一。而且脂肪中，富含能使腦部活化，提升記憶力和學習力作用的二十二碳六烯酸（docosahexaenoic acid，DHA），以及人體不可或缺的不飽和脂肪酸。

黏附在血管壁上阻礙血流的是壞膽固醇，好膽固醇則具有回收壞膽固醇回到肝臟作用，而DHA具有減少壞膽固醇，增加好膽固醇的功用。我們都清楚沙丁魚、秋刀魚等青魚中富含這種營養素，而今已研究出蝦夷鹿肉中也含有這種成分。

另外幼鹿的脂肪中，也富含以共軛亞麻油酸（conjugated linoleic acid；CLA）為主的多價不飽和脂肪酸。共軛亞麻油酸具有幫助脂肪燃燒、減少體脂肪，以及避免壞膽固醇黏附血管的作用，同時也有防癌和提高免疫力的作用。在營養學上，蝦夷鹿肉堪稱是優等生。

用野豬肉紓解疲勞

構成人體的蛋白質，是由20多種胺基酸組成，半數以上是在人體內合成，但有9種胺基酸較難合成。這些統稱為必需胺基酸，其中酥胺酸（threonine）很難從植物性食品中攝取，而必須從動物性食物中攝取。

野豬肉中富含酥胺酸，具有促進成長的作用，可避免肝臟中累積多餘脂肪形成脂肪肝，也是膠原的材料。尤其冬季的野豬五花肉中，含有比牛肉多兩倍以上，比豬肉多三倍以上的酥胺酸。

酥胺酸是形成身體和內臟結構的元素，也有促進細胞增生和傷口癒合等的作用。酥胺酸失去彈性，容易產生雀斑、皺紋，關節或骨頭痛的現象。要延緩老化現象時，也可以補充酥胺酸，以促進新陳代謝。

另外，野豬肉能促進傷口癒合，冬季的野豬肉含有能預防雀斑成因的麥拉寧（melanin）色素沉澱的胱胺酸（cystine），比牛肉和豬肉的量還多。夏季的野豬肉，含有能把碳水化合物轉變為能量，處理體內老舊廢物、恢復疲勞效果的天門冬胺酸（aspartic acid），也比牛肉、豬肉的含量還多，而有助記憶、神經系統功能，保持皮膚濕潤的天然保濕成分絲胺酸（serine）等的含量，則全年都比牛肉、豬肉還多。

與脂肪燃燒有關，可強化免疫系統的重要元素丙胺酸（alanine），大約是牛肉的兩倍，豬肉的三倍。具有恢復疲勞、紓緩壓力等效果的維他命B1含量也豐富，而鈣質是牛肉的兩倍以上。

野豬肉的營養效果自古早已為人所知，江戶中期的圖說百科事典《和漢三才圖會》中記載，「能補肌膚，益五臟」。吃後能溫暖身體，補中益氣，因此野豬也被人視為一種「藥膳」。

近畿以西有「感冒吃野豬」的說法，但只有感冒時候才吃豈不可惜。有助消除疲勞，活化身體機能的野豬肉，對壓力大的現代人來說可說具有良好的療慰作用。

關於野生動物肉的安全性

野生動物中可能有病原微生物，造成人們罹患人和動物共通的感染症或食物中毒。過去，曾有生食野生動物肉而得到腸道出血性大腸菌O-157感染症和Trichinosis症等的發病案例。

03年3月在長崎縣，有人吃生烤野豬肉，同年7月在兵庫縣，有人生食鹿肉，因而都罹患E型肝炎的病例。

E型肝炎是感染濾過性病毒，所引起的急性肝炎（罕見的猛暴型肝炎），並非慢性的肝炎。主要是經由被病毒污染的食品或水源而受到感染，但並沒有人傳染人的案例。

厚生勞動省一直呼籲要避免生吃野生動物肉。勞動省表示，E型肝炎的病毒通常只要經過加熱烹調，感染力就會被破壞，生肉以63度加熱30多分鐘，便能完全消滅病毒。他們建議製作燻製肉品時，可利用溫度計，以確保安全的溫度。

此外，在野生動物的胃腸內容物中，也有如O-157般的病原微生物。由於射擊腹部，會污染肉，所以野生動物最好是射擊頭、頸和心臟讓牠們立即死亡。為了買到更安全的鹿肉，社團法人蝦夷鹿協會發行，供獵人自己消費時作為參考的獵捕說明書中，有公開安全鹿肉的狩獵方法。

野生蝦夷鹿和代表性畜肉的一般成分（g／100g）

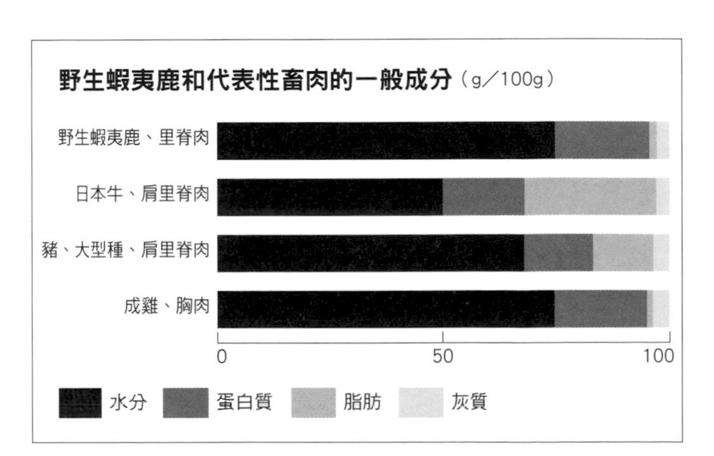

狩獵和野味的最新報導

FROM FRANCE

典型的獵人會長期參與附近的獵友會。從17歲到79歲年齡層分布很廣。

法國擁有歐洲最多的狩獵人口，狩獵聯盟對於保護自然也有貢獻，他們明確訂定獵期、地區、捕獵手法、獵物品質和數量。因需求量增加，野生、飼育和外國產的野味已有相當高的比例。

笹島美穗子
text & photo Mihoko Sasajima
住在法國7年，現居於康卡勒（Cancale），她以不列塔尼地區為中心，從事各項採訪報導。

豐富秋季餐桌的野味

從秋季到冬季，野味可說是豐富法國餐桌的季節食材。自數年前開始，在店頭販售野味的衛生規定變得極嚴，如今已很少看見過去的榮景，不過小商店或市場上，仍可見到吊著帶毛綠雉的景象，宣告著狩獵季來臨的秋天風物詩。

法國有法律明文規定狩獵期間，餐廳必須在解禁期間，才能推出以國內狩獵的肉品烹調的菜色。

因此，全國各地的餐廳和酒館，從解禁起就會推出充滿季節感的菜單，像是將野兔、麞鹿、野豬等野味與紅酒醃漬一晚後，再用綜合香料和蔬菜一起烹煮的燉煮野料（civet）以及野禽料理等。「civet」這種燉煮料理，過去是獵人們狩獵後大家一起享用的火鍋，是很典型的家庭料理。

擁有豐富自然資源的法國，全國各地都有狩獵活動，許多獵人都只是將狩獵當作非營利性的娛樂，在市場尚未推出許多野味商品之前，獵人們都是自己分食獵物。因此，市場上野味供應量並不多，棲息許多野生動物，狩獵興盛的地區才有販售。

在法國亞爾薩斯地區為中心的東部，以鹿和野豬而聞名，北部皮卡迪利地區有綠頭鴨等水禽類、中部羅瓦爾地區的索洛涅（Sologne）森林，有鹿、野豬及各種野禽類，另外在位於南部地中海的科西嘉島，那兒的野豬等也很著名。

在狩獵季時，一般家庭不但能從狩獵地附近的友人或家族親戚那裡拿到野味，像野禽類、野兔當然不用說，另外像麞鹿只要事前有預約，也能在市場或肉店等地購得，這時各種料理雜誌中，也會刊載許多野味料理的菜單。

在保護野生動物的規定下，目前有許多都是經過暫時飼養，再野放的半野生動物，「Gibier」這個字與其說是野生的鳥獸，倒不如說是狩獵動物本身的品種還比較貼切。

在分類上，綠雉、鵪鶉等野鳥類稱為野鳥，綠頭鴨等水禽類稱為水鳥，野兔等小型類動物稱為小型獸類，鹿、野豬等大型獸類稱為大型獸類。

每年的狩獵解禁期間多少有差異，各縣的解禁日也各有不同，在05年度時，東部三縣是自8月23日開始，全國的南半部是自9月11日開始，其餘的北半部地區是同月的25日解

鹿的交通事故也逐年增加。

禁。此外主要地區直到06年2月28日，狩獵季才結束，不過那是指因天氣冷身上儲存豐厚油脂的大型獸類，其實其他的動物，早在大約一個月前就已結束了。

擁有歐洲第一多狩獵人口的法國

法國的狩獵人口在歐洲境內排名第一。根據全國狩獵家聯盟（Fédération nationale des chasseurs）的統計，狩獵人口超過135萬人（全國人口是6168萬人），在國內約有7萬個與狩獵相關的協會，雇用大約2萬5千名員工。

目前，全國的獵人以勞動者、退休者為主，遍布於社會各階層與年齡層，可說是僅次於足球，最大眾化的娛樂活動。

此外，它對經濟也有很大的影響，根據92年該聯盟的統計數字顯示，平均每個獵人每年需支出1204歐元，除了獵犬費占35％、旅費占24％外，會員費占14％、獵槍占12％等，總共在狩獵市場投入約20億歐元的費用。

在這些人氣的帶動下，從獵槍、望遠鏡等各式狩獵器具等主要商品，到狩獵用防寒毛衣、獵犬用品等，除了衍生出眾多商品外，市場上也出版許多狩獵專門雜誌、狩獵技巧及野生鳥獸相關的錄影帶、DVD等出版物。

另外，還有許多旅行社也推出到國內或到非洲等海外的狩獵團。

混雜了社會各階層人士的獵人們中，本身高所得、將此當作運動的獵人，反而是少數。

長年狩獵的獵人們的背景，大多都是已退休的人，他們在週末呼朋喚友到當地附近的森林狩獵後，再與家人一起享受美味的獵物，都是些單純喜好大自然的人。

如果和同伴一起捕獲大型獸類時，擊中的人能獲得腿肉外，其餘的部分則以抽籤方式決定如何分配。

發現獵物時的信號喇叭，不同獵物吹奏的次數也不同。

歷史悠久的索洛涅狩獵森林

自春季到秋季的休獵期間，愛好打獵者、獵友會和與狩獵生意相關的人士，會在全國各地舉辦狩獵博覽會，那裡也成為獵人們最佳的交流場合。

其中規模最大的，是位於法國中部索洛涅森林盡頭的香波堡，夏季時那裡會連續舉辦三天「競賽博覽會」。在此期間，除了有300多個展示攤位外，還有各式各樣狩獵手法，或獵犬和馬等的表演，吸引了將近8萬人參加，十分熱鬧。

目前，以盧瓦爾河谷城堡群而聞名召來許多觀光客的香波堡，以及周邊環繞32公里圍牆，面積達5440公頃的森林，過去曾是法國皇家所有的狩獵區，以愛好狩獵著名的法蘭斯瓦（François）一世，還特別將它當作狩獵行館，是建於15世紀後半至16世紀初的城堡。

自中世紀開始，狩獵成為歐洲王宮貴族的社交之一而興盛開來，和獵犬一起騎馬馳騁在廣大領地追捕鹿群，成為不可或缺的娛樂。當時，獵捕野豬、鹿等大型獸類，都由土地所有者等特權階級獨占，一般庶民只准獵捕一些小鳥獸。

這種不用獵槍，只是騎馬帶著獵犬追捕獵物的傳統狩獵法，一直延續至今，從中我們還能看到當時貴族慣常舉行的儀式。不過歐洲其他的國家，有些基於愛護動物的立場，明令禁止這種捕獵法。

位於巴黎近郊，為皇室所有，擁有廣大森林的朗布耶城（Rambouillet）也一樣，到95年為止，不再作為總統狩獵用的迎賓館。現在境內除了作為雄鹿、野豬等豐富野生動物的保護區外，森林的一部分也對外開放。在這片自然資源豐富地區的四周，有許多私有林地，索洛涅森林因而成為深受獵人們喜愛的狩獵場。

座落於索洛涅森林的香波堡（château de Chambord），是皇室狩獵時的行館。

保護環境也是獵人們的重要責任

對現在的獵人們而言，為了保持狩獵資源能平衡供應，今後必須特別重視，每年都頗受矚目的保護自然環境和野生動物的議題。

全國狩獵家聯盟為維護自身的權利，和以環境廳、農業廳為首的政府單位，以及全國狩獵、野生動物聯盟（ＯＮＣＦＳ）、私有及公有森林管理團體、地區團體等組織合作，共同調查野生動物這些狩獵資源的狀態，以補充數量和防止盜獵等為重點，展開各項保護自然的活動。

在法國的每個地區，對於狩獵的獵期、地區、捕獵手法和獵獲品種、數量等，都有明確的規定，想要合法狩獵，首先必須取得狩獵證，登錄成為狩獵會員，每年有義務向所屬狩獵區支付會費。

像進行ＯＮＣＦＳ這樣的野生動物生態調查的公營團體營運費用，以及動物保護費等，都來自於這些獵人們的會費。

狩獵家聯盟分布在各縣，全國狩獵家聯盟即是由它們組合而成。

各縣聯盟負責調查該地區的狩獵狀態，進行預測，然後向各縣報告。

田園守護員、森林守護官及義工等，不論在公、私有狩獵區，會針對每個區域棲息的資源品種、數量進行調查，再依據檢討結果及狩獵區的面積，決定每次狩獵季，各品種動物的許可獵捕數量。

各縣會將這些報告和專家討論後，才訂定狩獵期、可狩獵的品種和數量，但基於自然保護的觀點，即使在狩獵解禁期內，若有狀況發生，政府代表仍保有禁止活動的權利，且能限制狩獵數以保持供需平衡。

在此狀況下，在私有地上獵人們前往資源豐富區域狩獵的意識高漲，為了成為資源豐富且面積大的狩獵區會員，甚至還有等待註銷的名冊。

此外，在公有地狩獵的情況是，僅在當地活動時，有義務支付各縣訂定的狩獵費用，而在不同地區狩獵時，則必須支付全國統一的年度狩獵會費。

保護狩獵權利的守護自然活動

為了和盜獵者加以區隔，讓合法獵捕的大型獸類能順利運送，各縣的狩獵家聯盟，會事先印刷有參考編號的識別環和證書，分發到各獵區，在捕獲的時點，獵人有義務將指定識別環套在獵物腿上。

使用識別環的情況下，獵人一定得將和識別環印著同編號的指定用紙，郵寄到該縣的狩獵家聯盟申報。

像獵人們分切野豬這樣的大型獸類時，運送途中為了讓警察能夠立刻確認，需準備其他的紙，在上面分別記入指定用紙的參考編號，如果獵物沒有編號紙的話，就不能運送。

對獵人們來說，這些限制和規定，他們都認為是保護環境和充實狩獵資源的必要措施。

全年的野放活動獵人團體也都會積極參與，購買這些鳥獸的費用，也由各地區狩獵會費支付。

此外，在休獵期間，所屬會員會和附近居民舉行親睦會，這種派對會費也會當作購買野放鳥用資源的費用。

目前，野放鳥獸的數目有逐年增加的趨勢，和30年前相比，大約成長了10倍之多。

這些保護自然活動的成果是野生鳥獸開始增加，不過這也衍生出其他的問題。

特別是野豬造成玉米等農作物的損失逐年增加，估計整年約損失２２８７萬公頃的農作。

依據68年狩獵資源保護法的修正條例，地主不能隨意驅逐入侵農地的鳥獸，在此情況下，狩獵家聯盟也承擔了這部分的損害賠償。

申請的損失額經過檢討後，最後決定是損失額的20～95％作為賠償額。

運送大型獸類時，獵人有義務在捕獲的動物腿上套上指定識別環。

食用野味並非全是野生的

在日本一般都認為野味料理，是用野生鳥獸的肉烹調的，但實際上並非全是野生的，目前，就如上文所述，有不少的是為了保護自然環境經人工飼養後，再野放到森林中，以供狩獵的半野生鳥獸，或是作為肉食用在大片土地上飼養後，再送至市場販售的飼育野生鳥獸。

半野生和野生因為都是在野外被獵捕，所以市場和餐廳等，都不會特別加以區別。此外，在任何地區兩者都只限於狩獵期間內才能在市場販售，但是根據04年修改後的規定，非法國國內獵捕的進口野生鳥獸，則全年均可販賣。

依據調查飼育野生鳥獸農家的資料顯示（推測應該是飼育野生鳥獸農家組成的組織），一年中約飼育綠雉1400萬隻、鵪鶉1000萬隻、野兔12萬隻、鹿類2～3萬頭、野豬1萬頭，以供全年的肉食用。

在風味方面，飼育的與野生的相比，肉質更柔軟，但獨特的野味卻較淡。據說目前約有兩成的餐廳是使用這種飼育的野生鳥獸。此外，飼育野生鳥獸沒有期間的限制，全年均可販賣。

為補充國產很少的供應量，在法國市場上也販售主要從東歐進口的野生鳥獸。依照04年的規定，符合歐洲規定的進口野生鳥獸，同樣地，飼育種在法國狩獵期以外的時間裡也能販賣。

嚴格的衛生管理

目前在法國，除飼育的野生鳥獸以外，狩獵捕獲的野生鳥獸要流通時，都必須在經過認證，管理嚴格的肉食處理場，檢查確認有無疾病及衛生狀況後，才能加工成肉食在市場販售。

但是法國產的狩獵肉，原本供給量就很少，再加上狩獵期很短，所以專門處理的業者也極少。

除了大型獸類外，根據專門處理袋鼠等半野生食肉，購入後進行衛生管理及處理後，再販賣給大型流通業者的Villette Viande公司的統計，每年在法國獵獲的野生鳥獸市場，野豬有4000噸、小型種麞鹿1200噸、紅鹿4500噸、野兔800噸、綠雉5600噸、山鵪鶉200噸。

作為法國最大業者之一的該公司，為了增加供給量，在法國展開狩獵期數日後，除了已展開狩獵季的匈牙利外，會積極前往波蘭、捷克等東歐國家，購買狩獵到的野生鳥獸。

順帶一提，狩獵時若運氣不佳，子彈打中里脊肉和腿肉時，價格會便宜約三成。

以豐富食材聞名的蘭吉斯國際生鮮市場，在狩獵季中，精肉業者也會到野生鳥獸部門推銷販賣。

那裡設置了600平方公尺衛生設備完善的野生鳥獸專用室，獵人送達的鳥獸，可依小型和大型分別送入指定場所冷凍保存。

此外，還有常駐獸醫迅速進行必要的檢查，從死後24小時至48小時內，在市場內就有能妥善處理食肉的設備。

此外，不流通到消費者市場，而只是狩獵同伴要分食的大型獸類，處理方式是獵物捕獲後立即套上識別環，先當場放血，公的割下性器。

因為之後要迅速運送，所以會在洞穴等陰冷處吊起來剝皮，切掉腳和頭部後，約吊24小時讓表面風乾。

僅有小麞鹿會先烤過，成年的鹿或野豬，大多都會在山洞裡先行處理。

在近似野生的環境中放養高品質的飼育野生鳥獸

位於布列塔尼和諾曼地區境內，經營養雞業的「Farm De Porto」的老闆皮耶羅姆（Pierre Rohm）先生，擁有座落於400多公頃的廣大農地，其中一部分農場中，除放養綠雉、山鵪鶉、綠頭鴨等野生鳥獸，還飼養鴨、雉雞、雞等家禽類。

農場內有烹調用香草菜園，還有種植麥子為主，和玉米、豌豆等飼料用的穀物農地。光

協力取材
La Ferme des Portes
FNC (Fédération Nationale des Chasseurs)
ACC de St. Père
Villette Viandes
Marché de Rungis
Revue Gibier et Chasse

皮耶先生的綠雉也批發給三星級餐廳。

皮耶先生農場上飼養的山鶺鴒。

是池塘就達3～4公頃，皮耶先生將它整理成適合水禽、家禽棲息，類近大自然的環境。

要合法販售野生鳥獸，和其他食肉銷售業同樣地，第1要取得一級資格的證明，第2必須獲得當地的獸醫承認，第3飼養動物須符合衛生規定，第4商品配送袋上都要標示衛生許可證明，第5辦理業者登記取得銷售許可證。

皮耶先生是這個農場的第二代主人，這裡最初是養殖牛和羊，但因紐西蘭種開始進口，使得市場價格滑落了一半，在此機緣下，皮耶先生開始改養雞，一晃眼已過了20年。農場飼養的綠雉規模不大，但農場的精肉和香草會直接銷售到當地的農市，或將綠雉、雉雞和香草批售給米奇林評鑑為3顆星的著名餐廳「Pierre Gagnaire」。

皮耶先生從附近專門飼養綠稚的業者那裡，買入出生後僅數天的雛稚，在室內養到兩個月大已強壯到某種程度後，再放在罩著網子的大片野外農地上放養。

在廣大農地上經營養雞業的皮耶羅姆先生。

飼養的綠雉不受狩獵期的限制，全年均可販賣，但皮耶先生的營運方式，只將春天出生的雛稚養到隔年立春賣光為止。

保留強烈野性的綠雉，深受日照的影響，在有自然陽光的環境下飼育，當然能呈現最天然的美味。此外，若鳥禽生病時，也都完全不用抗生素，而是根據獸醫開立的處方，採取順勢療法（homeopathy）這種類似中醫的植物療法來進行治療。

在販賣期的前兩個月，綠雉會移入室內小屋中育肥，在預定銷售的兩天前，才在建於農地的電擊場電擊，再放血，處理成肉品。

目前衛生條例已改變，法國已禁止店頭販售帶毛的鳥禽。

法國的野味都能查到來源出處，飼育的野生鳥獸也不例外，販賣時，有關數量、蛋產地、飼料種類、有病歷時的治療法（是否使用抗生素）等情形，每週都要報告，此外為了檢查衛生狀態等，獸醫每三個月要到農場一趟，每年要到市場視察2、3次。

關於衛生管理方面，隨著土耳其在05年爆發禽流感H5N1型後，現在已漸趨嚴格。

禽流感的影響

禽流感的影響並不只限於家禽類。法國在候鳥即將飛來前即開始警戒，危險區域全面禁止放養野禽、水禽和家禽類等，極力避免接觸水域、覓食區等地，野鳥移落於此的羽毛混雜在塵土中，即有可能成為感染的媒介。

之後歐洲暴發禽流感時，展出活鳥的展示會或博覽會等都被禁止舉辦，到了法國發生疫情的06年2月時，政府推出各項因應對策，不但禁止狩獵，也禁止攜出或攜入鳥類，飼養寵物鳥的人有義務向市內相關單位報備，並勸告全國不論個人或業者都要在屋內飼養鳥禽。

之後經歷數個月到目前為止，並沒有新的感染案例發生，政府基於肉食的安全，仍規定全國的飼育野生鳥獸業者應在屋內飼養。

關於狩獵用而飼養的半野生鳥獸，政府頒布嚴格的措施，至06年5月為止與候鳥接觸性高的朗德（Landes）、魯瓦爾省（Loire-Atlantique）、旺代省（Vendée）等三個地方，禁止飼養和野放鳥禽，除此以外的地方必須在野生鳥獸上套上腳環等，以便讓感染的風險降到最低。

在政府徹底實施肉食衛生管理，有安全保障的飼育野生鳥獸的前提下，為保持自然生態平衡，及補充傳統秋季食材供給量，今後或許有必要逐漸增產。

野生鳥獸送達廚房

如果料理人能了解野生鳥獸如何透過狩獵，從深山、森林送達自己手中，對野味料理將會有更深的認識

文・高橋昌子

關於野生鳥獸的法律

日本在1960年代高度經濟成長期後，隨著住宅用地的開發、森林砍伐等，使得野生鳥獸的棲息環境逐漸惡化。自此之後保護鳥獸的意識開始逐漸提升，鳥獸法在1963年改為「鳥獸保護及狩獵相關法律」，狩獵必須在「保護鳥獸」的限定的範圍內才能進行。在此法律中，對於許可狩獵者、可用的狩獵法、適合狩獵的鳥獸、可捕獲的頭數、狩獵期間、禁止狩獵地區等，都有詳細的規定。

能狩獵的鳥獸

法律規定可狩獵的鳥類包括：夜鷺、綠頭鴨、花嘴鴨、小水鴨、羅紋鴨、赤頸鴨、針尾鴨、琵嘴鴨、紅頭潛鴨、鳳頭潛鴨、斑背潛鴨、黑海番鴨、蝦夷雉雞、鶴鶉、銅長尾雉（除了銅長尾雉的亞種（Phasianus soemmerringii ijimae））、綠雉（包括朝鮮綠雉）、竹雞、紅冠水雞、山鷸（除了琉球丘鷸（Scolopax mira））、田鷸、金背鳩、棕耳鵯、山麻雀（Passer rutilans）、麻雀、白頭翁、禿鼻鴉（Corvus frugilegus）、小嘴鴉（Corvus corone）、巨嘴鴉（Corvus macrorhynchos）等28種。

可狩獵的獸類包括：狸、狐、狗、貓、日本貂（對馬貂）、鼬鼠（母的除外）、朝鮮鼬、貂、獾、浣熊、棕熊、黑熊、白鼻心、野豬（包括雜種豬）、本州鹿、台灣松鼠、花栗鼠、美洲巨水鼠、雪兔、家兔等20種。

能狩獵期間和區域

狩獵期間的規定是：北海道自10月1日至隔年1月31日為止。野放鳥獸獵區是自10月1日至隔年2月底。關於蝦夷鹿則每個地區狩獵期間均不同。

北海道以外的都府縣是11月15日至隔年2月15日為止。野放鳥獸獵區是11月15日至隔年3月15日。

青森、秋田、山形縣內指定為狩獵鳥的鴨類，是從11月1日到隔年1月31日為止。

在可狩獵的區域，包括能使用槍和陷阱的雜亂林場，自治團體、森林公會、狩獵者團體設定，能狩獵自然繁殖的鹿、綠雉等獵物的捕獲調整獵區（通稱獵區），以及野放綠雉、朝鮮綠雉、銅長尾雉、鶴鶉、竹雞、綠頭鴨、鹿等獵物的野放鳥獸區。在野放鳥獸區，通常被視為禁鳥的母綠雉和母銅長尾雉，都可以狩獵。

野放鳥獸是指鳥獸棲息數極度銳減，在有必要增加的地區，選擇適合當地氣候、環境的健全鳥獸品種野放，野放鳥獸區即指野放的區域。

打獵必須許可和申報

要從事狩獵活動的人，必須參加自己居住地的都道府縣知事舉辦的狩獵證的考試合格後，才能獲得狩獵許可證。

申請考試可到各都道府縣的鳥獸行政擔當課櫃台辦理，確認考試日期和申請方法也是在相同的櫃台。

狩獵許可證依據使用獵具，分成以下3種類型。

網、陷阱狩獵許可證／可使用網（無雙網、張網、刺網、拋網）和陷阱（網索、籠式陷阱、落籠陷阱、獸夾、圍式陷阱）。

第一種獵槍許可證／火藥槍（步槍、散彈槍）、空氣槍。

第二種獵槍許可證／可使用空氣槍。

不過，光持有狩獵許可證，還不能實際去打獵。每年，一定要向希望狩獵地的都道府縣知事，提出狩獵者登錄的申請，另外，使用槍枝時，基於槍砲刀劍類等持有取締法（槍刀法）的條例，還必須向警察申請槍枝持有許可證。

狩獵的花費

首先，槍枝這件必備品就需要10萬日圓以上，槍彈1發約80日圓，網、陷阱約數千~數十萬日圓。另外還需要整理槍枝用工具、保管盒、衣物類等。要進入積雪的森林或山裡，也必須有專用車。衣物、鞋子可借用釣魚、登山時的裝備，也可以自己手工製作陷阱，不過整體而言仍需要花費相當大的金額。

正式狩獵時，還需要有獵犬。以槍打獵的成果如何，據說依序要視狗、腳和步槍的優劣如何，血統優良的獵犬，價錢也不菲。

獵犬區分為捕大鳥的獵犬和獸獵犬，因山岳獵或水鳥獵等不同的目的，需具備的特性也不同。在平時就訓練狗配合狩獵方法，培育優秀的獵犬，也是獵人一項重要的工作。

高齡化和後繼者不足

獵人高齡化已是全國性的問題。由於開銷龐大，還必須有能適應嚴酷自然環境的體力及精神，使得這項活動很難在年輕時就投入。

在日本有不少的獵人和獵犬都有被野豬襲擊受傷的案例。

此外，日本大多將狩獵當作運動，和獵捕野味已有悠久歷史傳統的歐洲大不相同，日本人對於獵捕野牛動物和飲食並不那麼關心，相反的，反倒會因為獵殺而感到內疚，很少有年輕人會想在未來當獵人。

大日本獵友會和各都道府縣獵友會都屬於獵人的公益團體，他們致力推動保護野生鳥獸，驅除有害鳥獸以及狩獵合法化等多項工作。

保護管理野生動物的業務，包括防制被害、驅除有害鳥獸、取締不法狩獵者，保護野生鳥獸及從事調查活動等。

在日本，幾乎所有的自治體的獵友會組織都有推展這項業務。如果獵人高齡化和後繼者減少的現狀繼續下去，或許就不必再成立保護鳥獸的行政單位了。

希望靈活運用作為肉食品

獵人獵捕的獵物可以自己食用，也可以將一整頭「動物」讓給他人。

但要轉讓或販售給他人處理好的內臟，和已肢解的「肉」時，就必須符合厚生勞動省的「食品衛生法」的規定，要交由各都道府縣知事認可的肉食處理機構進行肢解處理。

由於目前肉食處理機構設置數量不足，無法將獵物流通的獵人，都是將多餘的獵物予以掩埋，或當作廢棄物燃燒等方式來處理。

讓大眾對獵人的活動有更進一步的了解，給予正當的評價，將驅除有害鳥獸所得的野生動物作為食材活用，對保護鳥獸及森林也許更有幫助吧！

小事典

監修・木村義志　取材・高橋昌子

supervisor Yoshiyuki Kimura
科學類作家。著作包括《日本的海水魚》、《日本的淡水魚》（學研）、《飼養在桌上的小生物》（草思社・chikuma文庫）、《我家有金魚》（岩波書店）等。

以下將介紹各種野味相關的生態及作為食材的特色。

野豬

哺乳類偶蹄目野豬科
學名　*Sus scrofa*
英名　Wild boar
法名　Sanglier

在世界上有30多種野豬品種，在日本大致有兩種，一是棲息在歐洲到亞洲的野豬Sus scrofa的亞種「日本野豬S. scrofa leucomystax」，以及小型的別亞種「琉球野豬S. scrofa riukiuanus」（也有人將其分類成各自獨立的品種）。日本野豬都棲息在關東以南的低海拔山區至平地地區。牠們通常生活在森林和其周邊的草地，但為了覓食，也會出沒於田地等人們住家附近。

牠們是雜食性動物，以植物的根莖、葉、果實及昆蟲等為食。

從春天到秋天一年生產一次，一次產下4～5頭小豬，但也有一年生產兩次的情形。小豬出生後3個月，身體上約有10條左右的白條紋，如西瓜紋路一般，因此被暱稱為「小西瓜」。一般壽命都不會超過10年。

無論公或母野豬的犬齒都會不斷生長變長，公豬犬齒比母豬大，從外觀上很好分辨。

日本自古以來都有食用野豬，並將牠們稱為「獅子」、「山鯨」，或因肉色稱牠們為「牡丹」等。11月15日～隔年的1月15日為狩獵期。秋季時吃下大量的果實和菇類所積存的脂肪，被視為野豬的美味來源。每年11月下旬至1個月期間，其肉質最美味，脂肪幾近白色品質最佳。

牠們從12月後半期開始進入發情期，會消耗掉之前囤積的營養，不論公、母的脂肪都會減少，公豬特有的體臭也會減輕。

和豬肉一樣牠們要充分煮熟才能食用，但就算煮過頭，肉質也比豬肉柔軟。在歐洲，野豬肉被視為賦予人類力量和勇氣，所以在法國將3～6個月大的仔野豬稱為「Marcassin」，備受重視。

野兔

哺乳類兔形目兔科
學名　歐洲野兔 *Lepus europaeus*
　　　／日本野兔 *Lepus brachyurus*
英名　歐洲野兔 Hare／日本野兔 Japanese hare
法名　Lièvre

日本的兔子大致有日本兔、雪兔（Lepus timidus）和奄美野黑兔（Pentalagus furnessi）三種，雪兔棲息於北海道，日本兔棲息於日本本州到九州，又分成數種亞種。

奄美野黑兔體型小，是原始的稀有品種，已被指定為特別天然的紀念物種。

日本野兔從平原到亞高山帶都可見到，能適應各種環境，在城市周邊和農地也可見其蹤跡。

因為多在夜晚單獨行動，即使靠近人們，人們大多也不會發現。

牠會直接生產在地面，並不會挖築巢穴。出生時已有體毛，而且能立刻活動。

歐洲野兔比日本野兔大上一號，據說牠們原先自然分布於歐洲到中亞一帶，其他地區則是人為引進的。

其體毛夏季呈褐色，冬季顏色則轉為轉淡。生態上與日本野兔相近。

在法國，野兔有「野味皇后」之稱，產地以佩里戈爾（Perigord）最為著名。巴黎南部的伯斯（Beauce）平原、諾曼第地區和香檳地區都能捕到，但近來有減少的趨勢。

3～8個月大的野兔最美味，1歲過後兔肉會變硬，風味變差。從外觀很難判斷月齡多寡，不過，大致的衡量標準是體重2.5～3.5kg。

兔肉呈泛黑的深紅色，脂肪少且具有獨特的風味。腿肉結實富彈性，即使煮透也不乾澀，適合用來燉煮和燒烤。

纖維極細緻、柔軟的背肉，被視為最高級的部位，通常作為高級食材。

前腳肉少，多用來連骨燉煮，或是削下肉塊，製成餡料或肉派等料理。

蝦夷鹿

哺乳類偶蹄目鹿科
學名　*Cervus nippon yesoensis*
英名　Hokkaido Sika
法名　Chevreuil

蝦夷鹿是分布在東亞的本州鹿（Cervus nippon）的一種亞種，除了渡島半島等日本海側一部分地區外，幾乎分布在北海道地區全境。

牠體型比本州鹿大，公鹿體重約140kg，母鹿體重約80kg。夏季體毛為紅褐色底，上面散布著白色斑點，冬季則變成單一的灰褐色。牠的犄角與骨頭的構造和本州鹿相同，但每年春天生長會發生變化。犄角的分歧狀態因不同亞種多少會有差異，蝦夷鹿會在三處分枝成4個尖角。

牠們白天通常在林間活動，夜晚才會出現在空曠處。從春季到夏季是以草、樹芽和葉片為食，到了秋季則以橡實等果實類為主，冬季則以細竹、嫩枝和樹皮為食。牠們也常食用畜牧用牧草或是農作物。

其肉色鮮紅且脂肪含量少，味道清淡，沒有特殊的臭味。2歲前尚未交尾的小母鹿肉質柔嫩，較受歡迎。交尾後乳腺腫脹，乳臭味會散至肉中。年輕公鹿的肉質也不錯，成長後會變硬，應用在料理的機會也減少。

菲力肉或里脊肉若加熱過度，肉質會變得乾澀，所以火候要特別留意。肩肉、腿肉適合用來燉煮、製成肉醬或肉派等。較硬的肉則可醃漬後再使用。為了搭配鹿肉的甜味，料理中常加入水果或栗子泥，醬汁中也會加入水果。

穴兔

哺乳類兔形目兔科
學名　*Oryctolagus cuniculus*
英名　Wild rabbit
法名　Lapin de garenne

原產於伊比利半島和非洲西北部，2千年前被引入歐洲，之後散布到世界各地。被當成家畜和寵物飼養的家兔，就是穴兔家畜化而成的。

穴兔由一頭公兔和多頭母兔組成一個小群體，穴居在地底有地道連接的多個巢穴中。剛產下的幼兔沒有體毛，眼睛未開，無法立刻行動。

在法語中，所稱的「Lapin de garenne」通常是指公兔，而母兔稱為「Lapine」。

出生後至6個月大的仔兔稱為「Lapereau」，由於這時肉質特別細緻柔嫩，因此常用於法國料理中。

哺乳類

野味

棕熊

哺乳類食肉目熊科
學名 *Ursus arctos*
英名 Grizzly
法語 Ours brun

分布於歐亞大陸和北美大陸。北海道的棕熊是日本棕熊（Ursus arctos yesoensis）的亞種。過去在中美等氣候溫暖的區域也有分布，但現已絕跡。

剛產下的幼熊體重僅400g，之後公熊體重會增加1000倍高達400kg。毛色會因不同的亞種、地區、個體及身體部位等差異，而呈現黑、褐、紅褐、灰褐、黃褐色等不同顏色。

是偏重肉食的雜食性動物，除了吃各種動物外，也吃樹芽、果實等。白天或晚上都會活動。大約從10月左右會開始準備冬眠而儘量飽食，在冬雪降下前躲入巢穴中。

這類型冬眠被稱為「熊型冬眠」，牠們睡得很淺，即使輕微的聲音和氣味等的刺激都會有反應，立即甦醒，就熊的情況而言，在日本大多不稱冬眠，而稱「越冬」。

牠們以洞穴或樹洞為巢，母熊在冬眠期間會產下1～3頭小熊。在雪融的3月中旬～5月上旬出洞時，體重會減少四分之一。

自古以來，人們為了取得熊的毛皮、肉和稱為熊膽的膽囊而獵捕熊隻。熊膽被認為能迅速消除消化系統的疼痛，從古至今都是高價的貴商品。

熊肉很硬，並沒什麼怪味，風味高雅，帶有淡淡的甜味。據說在鮭魚回游期間，棕熊以鮭魚為食，因此肉質中帶有鮭魚的風味，另外大量採食果實期間的肉質也很美味。

本州鹿

哺乳類偶蹄目鹿科
學名 *Cervus nippon centralis*
英名 Sika deer
法名 Chevreuil

本州鹿是棲息在本州的日本鹿的亞種之一，在日本有些分類法中，將牠和棲息在四國九州的九州鹿合稱為真鹿。其體形會因分布地區有所差異，成鹿體重約40～80kg之間。體色與蝦夷鹿近似。

從平地到山地各處都有牠們蹤跡，牠們主要食用樹葉，秋冬時也會吃橡果等堅果類。棲息在奈良市的奈良公園、春日大社及興福寺一帶的鹿，自古以來就受到保護。

牠們的瘦肉極細緻，比蝦夷鹿更柔嫩，脂肪也少。2歲前未曾生產過的母鹿肉質最佳。

據說歐美認為秋季至冬季期間的鹿肉最美味，但本州鹿則在春季時最可口。

但是因為春季是禁獵期，所以很難證實。

日本黑熊

哺乳類食肉目熊科
學名 *Ursus thibetanus japonicu*
英名 Asiatic black bear

日本黑熊是遍布東亞地區的亞洲黑熊的日本產亞種，分布於本州、四國和九州地區，目前棲息於中國地區、四國和九州的數量正日益減少。在各亞種中牠的體型較小，體重約80kg。無論公或母的全身皮毛都呈光亮的黑褐色，胸部有新月狀白花紋，所以在日本有「月牙熊」之稱。

牠們棲息於山地，除了哺育期間的母子以外，其他時候都是單獨行動。通常牠們吃樹的嫩芽和果實等植物，以及昆蟲、甲殼類、兩棲類、爬蟲類和哺乳類動物，不過很少會獵食大型哺乳類動物。和棕熊一樣會在冬季冬眠，以及在其間生產。

其肉質柔軟、富彈性，因脂肪有獨特的香味，所以帶肥油的部分深受歡迎。

紅鹿

哺乳類偶蹄目鹿科
學名 *Cervus elaphus*
英名 Red deer
法名 Cerf（公）、Biche（母）

紅鹿是分布於歐洲、北非到中亞一帶的中～大型的鹿，有許多亞種。體毛呈紅褐色，尾巴短。公鹿的犄角有10根以上的分枝。體重達90～350kg。棲息在山林間，公鹿單獨行動或是集結成鬆散的團體一起行動，母鹿與仔鹿則形成群居的社會結構。

在歐洲，牠們也繼麞鹿之後被家畜化，成為常食用的畜肉。紐西蘭飼養的紅鹿會輸往歐洲。快進入冬季的9月～10月，紅鹿體內會囤積大量脂肪，這時最為美味。

黇鹿

哺乳類偶蹄目鹿科
學名 *Cervus dama*、*Dama dama*
英名 Fallow deer
法名 Daim（公）、Daine（母）

自然分布區只限於南歐和西亞，大洋洲地區是人為引進的。棲息在森林和草原地帶。

公鹿體重約60～100kg，特色是犄角有扁平的枝角。母鹿體重約30～50kg。

如同其英文名「Fallow」是枯葉色之意，體毛呈淡黃褐色，因而得名。夏季時有白色斑紋。

體形適中，姿態優美，性情溫馴的黇鹿，中世紀時，被大量飼養在歐洲的王侯庭園和莊園中。其肉質富含鐵質，味道鮮美濃郁，野味十足，在法國的評價比紅鹿還高。

麞鹿（狍）

哺乳類偶蹄目鹿科
學名 *Capreolus capreolus*
英名 Roe deer
法名 Chevreuil

麞鹿是分布於歐洲到東亞的小型鹿。體重約20kg左右。犄角只分叉為兩叉，共不會呈枝狀。

在歐洲，牠們比紅鹿更接近人群，除了棲息在森林外，也會在耕地周邊生活，由於數量龐大，自古以來都是人們狩獵的對象。過去曾依據身分決定能狩獵的動物，麞鹿是貴族才能獵捕，而平民只能捕兔子。

法國人吃的鹿肉很多是麞鹿，狩獵期在10月中旬～隔年2月中旬。

在鹿肉中，其肉質被公認為最柔軟、美味。和其他的鹿一樣，2歲前尚未生產過的母鹿最受歡迎。因為味道清淡、脂肪又少，所以常加入豬背脂補強。

金背鳩

鳥綱鴿形目鴿科
學名 *Streptopelia orientalis*
英名 Rufous Turtle Dove、Oriental Turtle Dove
法名 Tourterelle

分布於歐亞大陸東部，別名金背鴿，在日本各地很常見。北海道的鳥群會南遷越冬。

和公園等地的家鴿（野鴿）相比身形較細長。身上有淺紅褐色的鱗狀花紋，因為和母綠雉的花紋類似，所以取名為金背鳩。頸部則有藍色條紋。

牠們棲息在平地至山地的林間，都市也能見到。牠們以地面草類種子、樹木果實、昆蟲和蚯蚓等為食。在樹上以小樹枝築巢，有時也會在建築物內築巢。

會從喉部發出「迪迪波波」般的叫聲，和其他野鳥相較，警戒心較低，能讓人近距離觀察。

日本北海道的狩獵期是10月1日～隔年的1月31日。北海道以外的其他都府縣是11月15日～隔年的2月15日，1月以後的金背鳩在日本被稱為「寒雉」，肉質富含脂肪十分美味

斑尾林鴿（木鴿）

鳥綱鴿形目鴿科
學名 *Columba palumbus*
英名 Common Wood-Pigeon
法名 Pigeon ramier

斑尾林鴿分布於歐洲全境、非洲大陸北部、西亞到南亞，主要棲息在海拔高達1500m左右的森林，可是，在市區也會見到牠們的蹤跡。

食用的斑尾林鴿主要產自法國、英國和比利時，法國狩獵期是10月中旬～隔年的2月中旬。體重約500～700g，屬於中大型的鴿類。

肉呈紅色，香味濃郁，細緻結實富彈性，尤其是未滿1歲的幼鳥，肉質柔嫩，風味更佳。

在法國庇里牛斯山脈地區被稱為「Palombe」，在日本也稱為庇里牛斯木鴿，肉質美味。

身體呈藍灰色，頸部有白花紋，雙翅各有1條明顯的白紋。每到10月候鳥會出現在波爾多地區，被視為珍貴的季節美味。波爾多料理中，有香煎林鴿及用油脂燉煮的鴿料理等。

綠頭鴨

鳥綱雁形目雁鴨科
學名 *Anas platyrhynchos*
英名 Mallard
法名 Col-vert

綠頭鴨廣布於北半球，在日本主要是飛來的冬鳥。在北海道和本州中部以北的寒冷地區可見其蹤跡，有些也會在夏季停留繁殖。

公鴨頭部呈光鮮美麗的綠色，頸部有明顯的白環。俗稱野鴨，英文名為「Mallard」，法文名「Col-vert」。母鴨有褐和黑褐色花紋。主要以水草類植物為食。

在鴨類中其肉質最為美味，母鴨比公鴨的脂肪厚，味道也更濃郁。日本狩獵期是11月15日～隔年的2月15日（放鳥獸獵區是11月15日～隔年的3月15日）。而青森、秋田、山形縣是11月1日～隔年1月31日），此期間體內富含脂肪最為美味。

小水鴨（綠翅鴨）

鳥綱雁形目雁鴨科
學名 *Anas crecca*
英名 Common Teal
法名 Sarcelle d'hiver

在歐亞大陸和北美洲大陸的中、北部繁殖，冬季會遠渡日本。城市中的小河和公園池塘也常可見到。

從其名即可得知是小型鴨，頭部呈棕色，自眼睛到肩部有一條綠色帶狀花紋，身體呈灰色，側面有明顯的白和黑色線條。鳥嘴和雙腳呈黑色。母鳥全身呈褐色，帶有黑褐色花紋。

主要以植物為食，也吃昆蟲等小動物。

在水邊吃水草和苔蘚的，肉質中帶有水氣與香味，在田地中啄食稻米的，脂肪層較厚，肉的風味較濃郁。

紅腳石雞

鳥綱雞形目雉科
學名 *Alectoris rufa*
英名 Red-legged Partridge、French Partridge
法名 perdrix rouge

紅腳石雞是分布於西南歐的一種鶴鶉，後來被引進各地。法國南部的數量很多。根據記載，被暱稱為「好君王」，15世紀時統治著西西里、拿坡里和普羅旺斯的勒內公爵（Le bon roi René），從愛琴海東部的希俄斯島（Chios）引進普羅旺斯地區飼養。

因為背部和腹部呈紅棕色，喉頭呈白色，嘴部和腳呈紅色，所以法文稱為「Perdrix Rouge」。出生後未滿1年的幼鳥稱為「Perdrix Rouge」，長到4週大的稱為「Pouillard Rouge」。

牠比歐洲山鶴鶉體型稍大，肉的香味和鮮味稍淡。由於屬於綠雉科的鳥類，所以烹調方式和綠雉相同，達到恰當的熟成度時，會散發野鳥獨特的美味與香味。適合搭配清爽的奶油醬汁和紅酒醬汁。

歐洲灰山鶉

鳥綱雞形目雉科
學名 *Perdix perdix*
英名 Daurian Partridge
法名 Perdrix gris

歐洲灰山鶉分布於歐洲至西亞地區，在北美被視為獵鳥野放後，開始棲息於當地。

體長約30cm，比日本鶴鶉體型大。呈黃褐色，但從頸到腹部為灰色，因此在法語中稱為「perudori guri」。腹部有黑褐色斑紋，公鳥面積較大，母鳥較小。

在鳥類中，是一次產卵數最多的鳥，平均可產下18.3個卵，最高紀錄是28個。棲息於耕地、樹林和乾燥地區，以地面草類種子等為食。

肉為白色，味道清爽，但多數比紅腳石雞的味道更香濃、美味，因而受人喜愛。出生未滿1個月的幼鳥，其肉質比成鳥更柔嫩美味。

紅松雞

鳥綱雞形目松雞科
學名 *Lagopus lagopus scoticus*
英名 Red Grouse
法名 Lagopède d'Écosse、Grouse

紅松雞廣泛分布於寒帶和高地地區，是柳雷鳥（Lagopus lagopus）的蘇格蘭亞種。體重約有500～700g。這類鳥大多棲息在寒帶地區，所以羽毛都長到腳上的蹴爪附近。9月上旬～10月底為蘇格蘭的狩獵期。

肉為紅肉，質地細緻，香味獨特，帶有淡淡的苦味和濃郁微妙的風味。

花尾榛雞

鳥綱雞形目松雞科
學名 *Bonasa bonasia*
英名 Hazel Grouse
法名 Gélinotte

廣布於歐洲到東亞的歐亞大陸，日本則分布在北海道平地到山地的森林中。成雙或數隻群聚一起生活，會一面在地面步行，一面撿食植物種子和昆蟲等。

體形比紅松雞小，公鳥全身斑紋幾乎都呈灰褐色和黑褐色，喉頭呈黑色，周圍環繞著白邊。眼睛上方有紅色小雞冠。母鳥全身呈黯紅色，喉頭的黑色較淺。牠們和棲息在本州高山區的松雞不同，冬季時羽毛不會變白。

過去是很普遍的食用野鳥，但近年來因環境變遷而逐漸遞減。肉呈紅肉，和水果風味醬汁很對味。

綠雉（環頸雉）

鳥類雞形目雉科
學名 *Phasianus colchicus*
英名 Japanese（Green）Pheasant
法名 Faisan

廣泛分布於歐亞大陸的溫帶區，日本已知有4亞種，不過，因野放鳥會與亞種雜交，所以其間的差異日益模糊。相對於大陸的亞種雉雞（Phasianus colchicus），綠雉也稱為日本綠雉，為日本的國鳥。

公鳥頭部有明顯的紅色肉垂，從頸部到胸部呈金屬光澤的深綠色，尾部很長。母綠雉全身呈褐色，夾雜著黑褐色斑紋，和銅長尾雉類似。牠們常在地面行走，以昆蟲和果實類為食，晚上則棲於樹間。

其肉質飽滿美味。因為獵捕容易，所以自古以來就常被食用，也曾被飼養。自君王時代起，就是鳥禽中最受好評的美味，而今也是皇室新年期間御膳中不可或缺的食材。

16世紀以後，綠雉才從歐洲引進日本，其脂肪量少深受大眾喜愛。牠具有野味特有的香味和鮮味，肉質柔嫩，烹調前放在陰涼處7～10天左右待其熟成，綠雉的法文名「Faisan」，就是從法文中「faisandage（熟成）」這個字而來。

深秋時節，綠雉已飽食樹木果實囤積了大量脂肪，這時尤其可口。此外，牠的骨頭能熬煮出濃郁鮮美的高湯，常用在法國料理的蔬菜高湯中，在日本也常用在什錦燉煮等料理中。

法國的狩獵期是10月中旬～隔年的2月中旬。日本的狩獵期，在北海道是10月1日～隔年的1月31日，其他都府縣是11月15日～隔年的2月15日。

高麗雉

鳥綱雞形目雉科
學名 *Phasianus colchicus karpowi*
英名 Ring-necked Pheasant
法名 Faisan

高麗雉是分布於中國到朝鮮半島的綠雉亞種，江戶時代後期在對馬野放而開始移入日本。1919年時日本的農林省鳥獸實驗所開始飼養，為了狩獵的目的，野放於自北海道到長崎的20個地區（之後除北海道以外的其他地區已中止）。

牠與日本的雉雞外形類似，不過，公鳥胸部和腹部呈褐色，頸部有白環，較容易辨別。

生態也與日本綠雉相近，很可能與日本綠雉雜交，因為一部分已棲息於日本，已是必須重視的問題。

肉呈白色，結實富彈性。骨頭的鮮味能熬煮出美味高湯。在法國主要養殖的雉鳥就是高麗雉。

銅長尾雉

鳥綱雞形目雉科
學名 *Phasianus soemmerringii*
英名 Copper Pheasant
法名 Faisan yamadori

銅長尾雉被視為日本的特有種，分布在日本本州、四國和九州，共分為Phasianus soemmerringii intermedius、Phasianus soemmerringii subrufus、Phasianus soemmerringii soemmerringii、Phasianus soemmerringii ijimae、Phasianus soemmerringii scintillans等5亞種，棲息在海拔1500公尺以下的低山地區、丘陵林地及茂密草叢。

其體型與綠雉相近，全身呈紅褐色，紅色肉垂和綠雉雞類似。尾部有長長的帶狀花紋，十分美麗。母雉的紅色比公雉淺，尾部也較短。生活狀態與綠雉類似。

風味、肉質都與綠雉近似。內臟有獨特的味道，肉中也多少帶有此風味。

竹雞

鳥綱雞形目雉科
學名 *Bambusicola thoracica*
英名 Chinese bamboo partrige

分布於中國南部和臺灣。最初作為狩獵鳥引進日本，1919年野放於東京都和神奈川縣。現在廣泛分布於本州、九州至太平洋沿岸的溫暖地區。

全身呈褐色系的虎斑花紋，但從額前到眉毛處，以及胸部上部呈藍灰色，頰和喉頭有較明顯的紅褐色。公竹雞有蹴爪，而母竹雞沒有。

一般的叫聲為「秋豆可—秋豆可—」。以地上植物和昆蟲等為食，由於牠們不太會飛，常在地面行走，所以腿部肌肉十分發達。

肉為白肉，風味清爽富彈性。具有雉科鳥的特色，骨頭能熬煮鮮美的湯頭。

田鷸

鳥綱鷸形目鷸科
學名 *Gallinago gallinago*
英名 Common Snipe
法名 Bécassine

田鷸廣泛分布在歐亞大陸、南美和北美大陸之間。在日本主要是在越冬期暫時停留的旅鳥，有些則會在本州中部以南地區越冬，出現在池沼、稻田、河川等地，由於常在田邊見到，因而被稱為田鷸。

鷸鳥的鳥喙多呈彎曲狀，但本種呈直線。牠們會將嘴插入泥中，尋找蚯蚓、昆蟲和甲殼類等食物。牠們比山鷸的體型小。

在大日本獵友會發行的狩獵書籍中，記載著剔除鳥嘴剖開胸部，經烘烤後，「所有骨頭都鬆軟的美味，乃正宗的烤鳥之王」。

在英語中，有狙擊之意的「sniping」這個字，其語源就是來自於捕獵田鷸。儘管鷸鳥類美味非凡，但在日本幾乎都禁獵。

山鷸

鳥綱鷸形目鷸科
學名 *Scolopax rusticola*
英名 Woodcock
法名 Bécasse

山鷸在歐亞大陸的中北部繁殖，冬季會遠至歐亞大陸南部、北非、中國南部和東南亞等地區越冬，在法國屬於冬鳥。

在日本是在本州中部以北、北海道繁殖，冬季會至本州西南部以南越冬。

出現在平地、低山地的樹林、農地、河川地、濕地和濕原等地方。

由於是夜行性鳥類，因此人們難得一見，即使是住在其棲息地也很少有人見過。牠們以旱田、水田等處的蚯蚓、昆蟲，及禾本科和蓼科植物的種子為食。體形和鴿子差不多，頭部有明顯的黑色條紋。

一般都是讓牠熟成到頸部變軟為止，這時會散發濃郁的香味。肉為紅肉，腦、心、肝和腸等內臟都有價值，尤其腦部特別受重視。

山鷸有獨特的香味，自古以來就被視為野鳥中的最高美味，在法國有「野味之王」的美譽。

法國為避免資源枯竭，明定禁止買賣國產的山鷸，蘇格蘭和比利時產的則可流通。在日本，除了奄美諸島的亞種「Amami Woodcock」外，其餘品種均可狩獵。

英國的狩獵期是10月上旬～12月底。日本的狩獵期在北海道是10月1日～隔年的1月31日，其他的都府縣是11月15日～隔年的2月15日。

參考資料
《原色新鳥類檢索圖鑑新版》宇田川龍男原著／森岡弘之編修（北隆館）、《原色日本鳥類圖鑑》小林桂助著（保育社）、《食材圖典》（小學館）、《狩獵讀本（平成17年度版）》（社團法人大日本獵友會）、《動物大百科》（平凡社）、《日本大百科全書》（小學館）、《日本動物大百科》（平凡社）、《法國烹調用語辭典》（白水社）、《野山的鳥》《水邊的鳥》日本野鳥會（北隆館）、《烹調材料大圖鑑》（講談社）

下水內郡榮村產的皇家風味野兔

彩圖在第78頁

●材料（1人份）

野兔（1隻約1.8kg）腿肉1支／紅酒2.45L／野兔碎肉、心臟、肝混合餡料30g／鹽、白胡椒各適量／豬網脂40g／新鮮鴨肝20g／野兔骨2隻份／金背鳩和鴨高湯（請參照右文）100cc／野兔血30cc／油菜花3棵

●作法

準備野兔肉

1 野兔去皮，取出內臟，各部位分切開來。這道料理是使用腿肉1支。

2 在容器中倒入紅酒1.5L，放入帶骨腿肉醃漬一晚。

3 將前腳等其餘部位的肉、心臟和肝攪碎，加鹽和胡椒調味。

製作皇家風味兔肉

1 醃漬的腿肉去骨切開，放在攤開的豬網脂上，中央依序放上絞肉、鴨肝，用腿肉和網脂包起來。

2 再用紗布包裹，用棉線綑綁起來。

3 在鍋裡放入**2**和醃漬液中使用的全部紅酒，補充750cc紅酒，加入野兔骨加熱，煮開後徹底撈除浮沫雜質。

4 肉煮軟後，撈除浮沫雜質，一面用小火燉煮5小時。中途水分若煮乾，再補足適量的水（分量外）。

5 等肉煮到恰當的柔軟度後，連醬汁一起放在常溫下變涼，剔除兔骨，將肉和醬汁放在鋼盆中放入冰箱冷藏一晚。

6 在鍋裡放入**5**，再燉煮1～2個小時，肉取出放入密閉容器中。用圓錐網篩過濾醬汁後，和肉一起放入相同的容器中，變涼後再冷藏。

完成皇家風味兔肉後盛盤

1 在鍋裡倒入肉、200cc紅酒、200cc醬汁、金背鳩和鴨高湯加熱。等肉變熱，醬汁熬煮變濃稠後，拆掉肉的紗布，在肉上裹上醬汁。

2 加入野兔血，熬煮變濃且泛出光澤。

3 油花菜切成3cm長，用鹽煮熟。

4 在盤中鋪入**3**，盛入肉，用茶濾一面過濾醬汁，一面淋到肉上。

低溫油煎大鹿村產的鹿肝佐配核桃油醋醬汁

彩圖在第79頁

●材料（1人份）

鹿肝200g／鹽適量／無鹽奶油70g／大蒜2片／調味汁〔鬼核桃10個、紅蔥頭切末・根芹菜切粗末各2小匙、紅葡萄酒醋10cc、白巴薩米克醋10cc、信州產栗子蜂蜜1小匙、榛果油80cc〕／根芹菜厚3mm的半圓片2片／百合根、菊芋、松露各適量

●作法

香煎鹿肝

1 在鹿肝上撒鹽調味。

2 在鍋裡放入奶油和連皮大蒜加熱，煮到奶油顏色變深，大蒜散發香味。

3 在**2**中放入**1**後，立刻離火，趁熱將肝在奶油中一面翻面，一面把表面煎硬。

4 鍋子加蓋，放在有爐火餘溫的地方20～30分鐘，一面保溫，一面讓它熟透。其間將肝不時翻面，讓整體的溫度保持均衡。

製作調味汁

1 將核桃稍微烘烤後切半。

2 在鋼盆中放入**1**、紅蔥頭、根芹菜、紅葡萄酒醋、白巴薩米克醋和蜂蜜，充分混拌均勻。

3 等**2**充分混勻後，倒入少量榛子油，充分混合。

準備配菜

1 根芹菜和百合根用鹽水氽燙。去皮菊芋和松露切片。

2 將百合根、菊芋和松露用調味汁調拌均勻。

盛盤

1 切掉肝的兩端和側面，只將中央部分切薄，和燙過的根芹菜交錯放入盤中。

2 從上面淋上調味汁，再放上百合根、菊芋和松露。

＊白巴薩米克醋是在巴薩米克醋中，加入白葡萄酒醋增加風味，會散發果實甜味和豐富的香味。顏色呈透明的淡琥珀色，不會破壞料理的色彩，特別適合用於蔬菜和魚料理中。加熱後酸味也很圓潤。

香煎諏訪市後山產仔野豬背肉佐配信州菇類和牛蒡薊

彩圖在第79頁

●材料（1人份）

仔野豬背肉3片／鹽、橄欖油各適量／醬汁〔鹽漬栗蕈（Hypholoma sublateritium）・鹽漬金褐傘（Hygrophorus russula）各4個、紅葡萄酒醋10cc、紅酒100cc、小牛肉高湯50cc、仔野豬高湯150cc〕／菇類〔杏鮑菇、鴻禧菇、白鴻禧菇、蘑菇、滑菇（Pholiota nameko）、舞茸各3個〕／牛蒡薊（Cirsium dipsacolepis） 2根／小牛肉高湯、水各100cc

●作法

烤仔野豬背肉

1 在背肉上撒鹽，在鍋中倒入薄薄的橄欖油加熱，背肉油脂側朝下放入，將表面煎至焦脆呈棕色，從小火轉中火將肉充分油煎。

2 煎至恰當的熟度後，將背肉放在派盤上，放入230度的烤箱中約烤5分鐘，平底鍋剩下的油脂保留，之後用來炒菇類。

製作醬汁

1 鹽漬栗蕈和金褐傘，在使用的3天前用水漂洗，一面更換清水，一面將鹽分清除。

2 在鍋裡倒入紅葡萄酒醋和紅酒加熱，煮到酸味揮發掉，再加入小牛肉高湯、仔野豬高湯和**1**，熬煮到變濃稠。

炒菇類後盛盤

1 在平底鍋中加熱剩下的野豬油脂，放入菇類迅速拌炒，再加鹽調味。

2 牛蒡薊用鹽水氽燙後撈除雜質。

3 將**2**、小牛肉高湯和水一起燉煮到變軟。

4 在盤中鋪入醬汁，盛入炒好的菇類，上面漂亮的排放上背肉，再放上牛蒡薊。

仔野豬高湯

●材料（完成時4L）

仔野豬頭、背骨共8kg／紅酒（Chateauneuf du Pape）11.25L／水1L／洋蔥2個／芹菜5根

●作法

1 仔野豬頭去皮，和背骨一起用水沖洗掉污處。

2 在鍋裡，放入**1**、紅酒、水、去皮洋蔥和芹菜加熱。洋蔥和芹菜要整株放入，煮開後徹底撈除浮沫雜質。

3 一面撈除浮沫雜質，一面轉小火，約煮到剩1/3的量，用圓錐網篩過濾。

香煎上伊那郡天龍川產的小水鴨莎美斯醬汁

彩圖在第80頁

●材料（1人份）

小水鴨1隻／橄欖油、鹽、胡椒各適量／紅酒100cc／金背鳩和鴨高湯300cc／蔬菜高湯（Bouillon de Legumes）40cc／白菜葉50g／鮮奶油15cc

●作法

小水鴨

1 小水鴨去毛，將頭和身體切開。頭部對剖，身體是連著翅膀和腿肉一起，取出內臟後，將心臟、肝、鴨胗保留備用。

2 在平底鍋中加熱橄欖油，加鹽和胡椒，一面變換**1**的角度，將外表全煎至適當的程度，頭部則煎至焦脆。等煎至恰當熟度後，暫放在平底鍋中一會兒。

製作醬汁

1 在鍋裡加入紅酒、金背鳩和鴨高湯加熱，熬煮到剩1/3的量。

2 將小水鴨的鴨胗切半，清除其中的污物，和心臟、肝一起放入**1**中，稍微燉煮到內臟熟透的程度。

製作配菜即完成

1 用蔬菜高湯燉煮白菜，煮軟後加入鮮奶油即完成。

2 在盤中鋪入奶油燉白菜，小水鴨身體切半，和頭部一起漂亮的排入盤中，再淋上醬汁。

金背鳩和鴨高湯

（完成約5L份）

●材料

金背鳩骨30隻份／鴨骨（綠頭鴨、小水鴨等）15隻份／紅酒（Chateauneuf du Pape）11.25L／水1L／糖醋汁（gastrique）〔細砂糖100g、水50cc、紅葡萄酒醋500cc〕

●作法

1 在鍋裡放入金背鳩和鴨骨、紅酒和水加熱，煮沸後徹底撈除浮沫雜質，一面撈一面以中火燉煮。

2 在另一鍋裡放入細砂糖和水熬煮，煮到呈焦糖狀後，加入紅葡萄酒醋後熄火，充分混勻，製成糖醋汁。

3 等**1**熬煮剩2/3量時，加入糖醋汁熬煮變濃稠，用圓錐網篩過濾。

油煎大鹿村產的鹿腦佩里格醬汁佐配山藥

彩圖在第74頁

●**材料**（1人份）

鹿腦1/2頭份／鹽、低筋麵粉、無鹽奶油、花生油各適量／山藥橫切成1cm厚的圓片2片／小綠菜3棵／佩里格醬汁〔白波特酒80cc、小牛肉高湯200cc、松露切末2小匙、松露醋10cc〕／松露適量

●**作法**

取出鹿腦

1 將鹿頭和身體切開。

2 用刀剝除頭部的皮，放在鋼盆中。

3 使用牢固的鋸子，從眼皮的正上方，呈水平鋸切開頭蓋骨。頭蓋骨和其他骨頭不同，它非常的堅固，但並不厚，為了不弄破腦髓，請一面確認骨頭的切法，一面沿著圓周慢慢鋸切。將刀伸入頭蓋骨和腦髓縫隙間時要小心，以免弄傷骨髓。

4 等骨頭全切開後，掀掉上面的頭蓋骨，將刀伸入頭蓋骨內側和腦髓之間的縫隙，會較容易取出腦髓。切斷腦髓下方穿過頸部根部的脊髓，取出腦髓放入另一個鋼盆中。

油煎鹿腦髓

1 將一頭份的鹿腦髓，換水2～3次清洗乾淨。

2 充分擦乾水分後切成兩半，用鹽預先調味，再薄薄地塗滿低筋麵粉。

3 在平底鍋中加入等量的奶油和花生油加熱，用中火將**2**煎一下。用湯匙一面舀取平底鍋中的油澆淋，一面讓它熟透，外表變得焦脆為止。

製作配菜

1 山藥去皮橫切成圓片，兩面用奶油煎一下，撒鹽調味。

2 連平底鍋一起放入烤箱中烘烤，讓奶油滲入其中。

3 小綠菜用濃鹽水汆燙。

製作佩里格醬汁

1 將波特酒熬煮到剩2/3的量。

2 加入小牛肉高湯繼續熬煮到剩一半的量，再加入松露、松露醋即完成。

盛盤

1 在盤中鋪入醬汁，交錯放上腦髓和山藥，再放上松露片和小綠菜。

諏訪市後山產仔野豬製成的帶骨生火腿、野菜和菊芋的爽口沙拉

彩圖在第75頁

●**材料**

醃漬用鹽水（saumure）〔水2L、粗鹽225g、紅糖125g〕／仔野豬腿肉1隻／櫻木燻製用柴適量／香草調味汁〔白酒醋600cc、第戎芥末醬150g、醋漬龍蒿切末12g、紅蔥頭切末100g、鹽60g、砂糖164g、白胡椒適量、沙拉油1560g〕／菊芋、野草（虎耳草、水芹、薺菜（Capsella bursa-pastoris）、水田芥、酸模、春飛蓬（Erigeron philadelphicus）、蒲公英）各適量

●**作法**

準備醃漬用鹽水

1 在鍋裡加入水、粗鹽和紅糖煮沸，等調味料完全溶合後，熄火待涼。

製作生火腿

1 仔野豬的連蹄腿肉直接去皮，在肉上用叉子戳幾個洞。

2 在真空袋用的容器中放入**1**和醃漬用鹽水300cc，將袋子真空密封，放入冰箱冷藏醃漬約10天。

3 腿肉從醃漬用鹽水取出後，充分擦乾水分，放在通風處陰乾3～4週。大致的乾燥標準，是外面已覆蓋一層白色的胺基酸粉。

4 當室外氣溫達5度以下時，在煙燻小屋中燃燒櫻木碎柴，上面放上網架，再放上**3**，持續冷燻3～5天，以增加香味。一根煙燻木點燃後，大約能夠持續燻製5～6個小時，如果火熄滅了，就換上新的木柴。

製作沙拉後盛盤

1 在鋼盆中放入白葡萄酒醋、第戎芥末醬、醋漬龍蒿、紅蔥頭、鹽、砂糖和胡椒，用打蛋器充分混拌。

2 如果已散發出紅蔥頭的香味，一面慢慢倒入沙拉油，一面將全部材料混拌均勻，完成後試試味道，若不足可加鹽調味。

3 將去皮切薄片的菊芋和野草，分別切成好食用大小，再用**2**調拌均勻。

4 將生火腿切薄片，盛入盤中，再放上**3**。

上伊那郡高遠產竹雞和燉烤冬季蔬菜鍋

彩圖在第76頁

●**材料**（1人份）

竹雞胸肉1隻份／鹽、橄欖油各適量／凍白蘿蔔1個／信州黃金鬥雞高湯適量／信州產蔬菜（島胡蘿蔔、圓胡蘿蔔、綠花椰菜、仿羅馬種花菜（Romanesque）、花菜、防風草（Pastinaca sativa）、紫小洋蔥、根芹菜、洋蔥）各適量／派麵團〔無鹽奶油80g、高筋麵粉50g、低筋麵粉120g、全蛋1個、水10～20cc〕／竹雞高湯140cc／打散的蛋汁適量

●**作法**

烤竹雞

1 竹雞去毛，切掉頭部，分切下胸肉和腿肉，保留作為香煎用。只在胸肉上撒上鹽預先調味。

2 在平底鍋中加熱橄欖油，只將胸肉的表皮徹底煎成焦黃色。不要翻面，肉面保持生的狀態。

燉煮凍蘿蔔

1 在容器中，放入凍蘿蔔，倒入能蓋住白蘿蔔的水（分量外），放置一晚讓它回軟。

2 在鍋裡放入瀝除水分的**1**，倒入能蓋住材料的信州黃金鬥雞高湯，加熱煮到蘿蔔入味。

準備蔬菜

1 將島胡蘿蔔和圓胡蘿蔔去皮，其他蔬菜切成好食用大小。

2 分別用鹽水汆燙。

準備派麵團

1 奶油充分冷藏，然後切成小丁。

2 將高筋麵粉和低筋麵粉充分混合後，放入**1**，用手混拌成鬆散狀。

3 再倒入蛋和水的調和液，用手迅速混拌成一團。

4 用保鮮膜包好，放入冰箱冷藏3小時，取出放置一晚讓它鬆弛。

用烤鍋燉烤

1 在烤鍋中倒入竹雞高湯，將凍蘿蔔放在中央。周圍平均排入各色蔬菜，蓋上竹雞胸肉，再加蓋。

2 用揉成繩狀的60g派麵團，封住烤鍋蓋的縫隙，再塗上打散的蛋汁，放入220度的烤箱中，約烤10分鐘即完成。

信州黃金鬥雞高湯

●**材料**（完成約2L）

信州黃金鬥雞骨5隻份／水5L／岩鹽適量

●**作法**

1 信州黃金鬥雞骨用沸水汆燙，撈除浮沫雜質。

2 在鍋裡放入**1**、水和鹽，加熱煮沸後，一面仔細撈除浮沫雜質，一面用小火熬煮到2L的量。

竹雞高湯

●**材料**（完成約500cc）

竹雞骨3隻份／水1.5L／岩鹽適量

●**作法**

1 竹雞骨用沸水汆燙後，撈除浮沫雜質。

2 在鍋裡放入**1**、水和鹽，加熱煮沸後，一面仔細撈除浮沫雜質，一面用小火熬煮到剩1/3的量。

香煎上伊那郡高遠產的竹雞連骨腿肉原種米和野米沙拉

彩圖在第76頁

●**材料**（1人份）

竹雞腿肉1支份／鹽適量／辛香料（香菜籽：蒔蘿籽：白胡椒粒的比例為2：1：1混合）適量／菠菜10g／花生油適量／煮熟的原種米和野米各15g／菇類（杏鮑菇、鴻禧菇、白鴻禧菇、蘑菇、舞茸）10g／山蘿蔔適量

●**作法**

烤竹雞腿肉

1 用瓦斯槍燒掉竹雞腿肉的細毛。

2 只在內側塗上鹽先調味，皮面朝上放在盤中，放入開放型烤箱中烘烤上色。

3 翻面後，稍微烤一下讓肉色改變即可。

製作辛香料

1 將香菜籽、蒔蘿籽和白胡椒粒細磨。

準備配菜，盛盤

1 菠菜切成長3cm，用花生油拌炒。

2 原種米和野米，分別用水煮至保留Q韌口感的程度，各取15g混勻。

3 菇類分別切粗末，準備共10g的量，用花生油拌炒。

4 在盤中放上直徑4.5cm、高3cm的中空圈模，依序放入**1**、**2**、**3**後拿掉模型。

5 腿肉盛入盤中，撒上1小撮辛香料，放上山蘿蔔做裝飾。

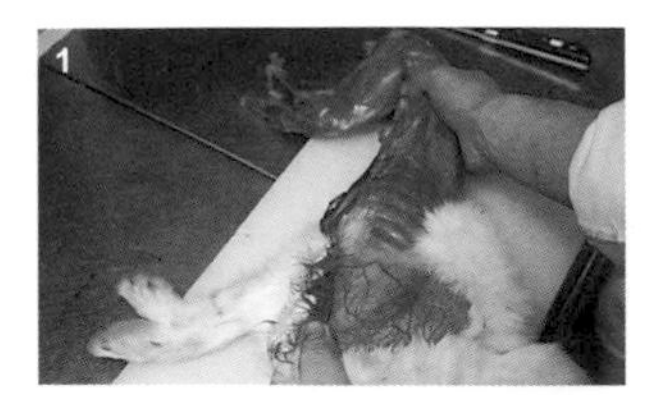

在腳踝處用刀劃一圈，往頭部方向剝皮。

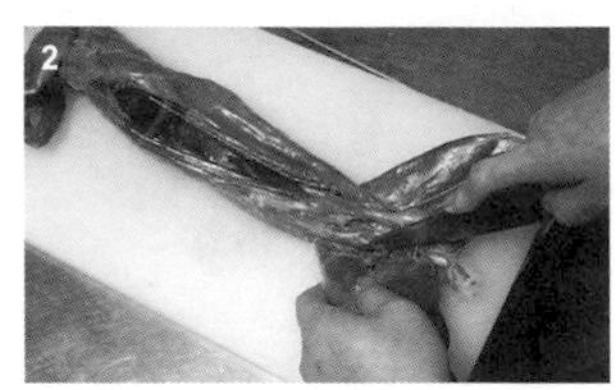

用刀從腿部的根部切入，切下腿部。

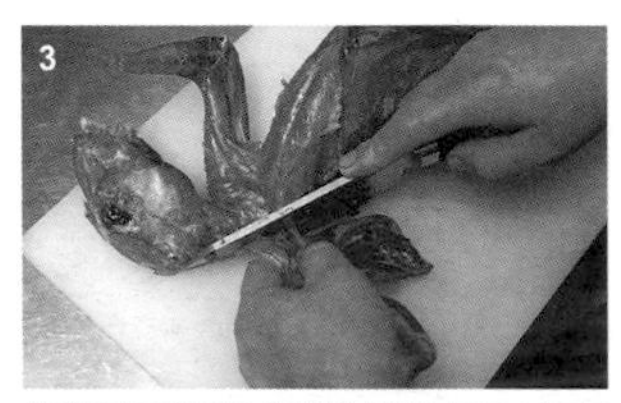

接著用刀從2隻前腳的根部砍下，切下前腳。

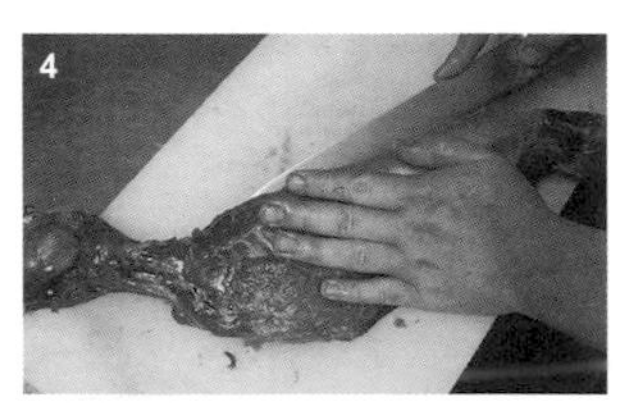

沿著肋骨下刀，仔細切下背肉。

背肉、里脊肉、腿、前腳和用於高湯的頭部和肋骨已分切開來。圓盤子裡是內臟。

子、月桂葉和胡椒粒，一面撈除浮沫雜質，一面將水分熬煮至2/3的量，靜置待涼。

製作普瓦法蘭醬汁的醬底

1 兔骨切成適當的大小，和煮過的醃漬液混合後醃漬一晚。

2 將**1**用圓錐網篩過濾，拭乾骨頭的水分後，放入已加熱沙拉油的平底鍋中，再放入180度的烤箱中，中途一面翻拌骨頭，一面烤20分鐘。

3 將切丁塊的香味蔬菜，用橄欖油和用奶油炒到還未上色即可。

4 將步驟**2**中，以圓錐網篩過濾出的醃漬液材料，全部加入**3**中，充分拌炒但不能炒成焦黃色，然後瀝除油分。

5 在兔骨上塗滿麵粉，加入**4**中，再加入醃漬液、紅酒、雞高湯和小牛肉高湯，一面撈除浮沫雜質，一面熬煮5個小時。

6 以圓錐網篩過濾。

完成普瓦法蘭醬汁

1 將保存備用的野兔內臟，和鵝肝醬、豬血和干邑白蘭地一起用果汁機攪碎。

2 在醬汁的醬底中一點一點慢慢加入**1**，使醬汁產生黏性，然後離火靜置20分鐘。

3 將醬汁分成三份各1/3量，分別用茶濾、細孔圓錐網篩和餐巾紙過濾。

4 將**3**合在一起，稍微熬煮後，加入鮮奶油、奶油、黑胡椒粒和鹽調味。

製作栗子義大利餃

1 栗子去除外皮後，留下澀皮，放入加了蘇打（分量外）的水中醃漬一晚。

2 倒掉蘇打水，換水煮沸，再換水再煮沸，換第三次水時加入白砂糖和梔子果實，一起將栗子煮軟。

3 徹底剝除澀皮，將栗子切成5mm的小丁，和奶油、干邑白蘭地、松露、松露高湯和白胡椒，一起放入食物調理機中絞成粗泥。

4 將義大利餃麵團用製麵機壓平，再放上揉成直徑3cm的栗子泥，周圍塗水後用麵皮包夾住，再用直徑4cm的圓形圈模割取。

背肉用足量的奶油香煎

1 在背肉上撒上鹽和黑胡椒，將加熱到起泡的足量奶油，一面從上面澆淋，一面香煎。

2 為了讓表面變熟，將肉放在網架上，放入150度的烤箱中烘烤2～3分鐘。

3 用鋁箔紙包裹後，放在溫暖的地方，利用餘溫繼續讓中心變熟。

完成

1 根芹菜去皮，用削皮器削成扁麵條狀，放入鹽水中汆燙，再淋上乳化奶油液。

2 義大利餃用煮開的熱水煮5分鐘，再拌上乳化奶油液。

3 將背肉盛入盤中央，佐配義大利餃和根芹菜，再倒入醬汁。

＊乳化奶油液的作法是，將水、鹽和紅辣椒粉煮開後，加入奶油，用打蛋器攪拌使其乳化。

烤新潟產綠頭鴨 佐配血醬

彩圖在第71頁

●材料（2人份）

紅酒醬汁的醬底〔鴨骨1隻份、沙拉油適量、紅蔥頭薄片3個份、百里香・丁香各適量、紅酒、露比波特酒、小牛肉高湯各適量〕／綠頭鴨1隻／下仁田蔥2根／鴨脂、鹽、白胡椒、沙拉油、香菇、姬菇（Pleurotus cornucopiae）、紅金針菇、秀珍菇各適量／無鹽奶油、大蒜各適量／百里香、紅酒、鹽、白胡椒各適量

●作法

製作紅酒醬汁的醬底

1 鴨的雞骨切成適當的大小，用沙拉油充分拌炒。

2 將**1**改放到鍋裡，加入紅蔥頭，百里香、丁香、能蓋過材料的紅酒，紅酒1/20量的波特酒，放入火爐的較低溫處，一面撈除浮沫雜質，一面燉煮4小時。

3 以圓錐網篩過濾後，熬煮至剩一半的量，加入小牛肉高湯後，再熬煮到變濃稠。

處理鴨子後再烘烤

1 將鴨脖子從根部切斷。

2 在鴨身上塗上鹽和胡椒後，放入已加熱沙拉油的平底鍋中油煎表面。背部以低溫煎15分鐘，腿部各煎5分鐘，讓其稍微上色。胸部也煎至稍微上色。

3 將鴨肉放入170度的烤箱中烤4分鐘，用鋁箔紙包裹後，暫放在溫暖處，讓餘溫繼續加熱內部。

4 將腿部從根部切下， 2片胸肉也從骨頭上切下。內臟裡的血可用於醬汁中，所以保留備用。

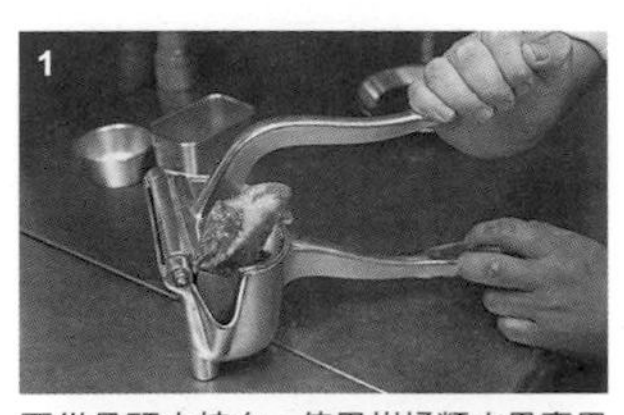

要從骨頭中榨血，使用柑橘類水果專用的榨汁器非常方便。

一面榨取血和肉汁，一面以圓錐網篩過濾後放入鍋中。

5 完成醬汁。在1人份（70～80cc）紅酒醬汁的醬底中，加入百里香、用水果榨汁機榨出的骨血和肉汁（圖**1**、**2**）、**4**的血、榨汁機裡的碎骨，以及熬煮到剩1/15量的紅酒，一起熬煮。

6 等熬煮變濃稠後，用圓錐網篩過濾後，加鹽和胡椒調味。

準備配菜

1 下仁田蔥切成3cm長，用鹽水汆燙，和鴨脂一起放入鍋中，加蓋以小火燜煮1小時。

2 菇類切成好食用大小，和連皮的大蒜一起用奶油和鴨脂炒香，加鹽和胡椒調味。

3 鴨胸肉切厚片盛入盤中，旁邊放腿肉和配菜，再倒入醬汁。

＊紅酒醬汁醬底是10人份。

蓼科產鹿肉 自製的義式臘腸 信州蘋果香味

彩圖在第73頁

●材料

義式臘腸〔鹿前腿肉・頭肉・五花肉混合約10kg、信州蘋果12個、蜂蜜適量、豬背脂500g、鹿肝・心各1頭份、鹿血300cc、鹽・五香粉・豬腸・燻製用櫻木碎柴各適量〕／信州蘋果、山蘿蔔各適量

●作法

製作鹿肉義式臘腸

1 將鹿的前腿肉、頸肉和五花肉用絞肉機攪碎。

2 蘋果去皮，放入果汁機中打成汁。酸味太重時可加蜂蜜調味。

3 豬背脂切粗末。

4 將鹿的肝和心臟切大塊，和**1**、**2**、**3**、血、鹽和五香粉混合後，放入食物調理機中充分攪拌。將餡料塞入豬腸中，兩端和正中央用棉線綁緊。

5 在炒鍋底部鋪上鋁箔紙，放上櫻木碎柴，放上網架，再放上**4**。加蓋以120度熱燻5分鐘。

6 臘腸取出放在通風良好的地方，陰乾一個月。

製作蘋果果醬，盛盤

1 蘋果去皮磨碎，稍微燉煮讓它變熟。

2 鹿肉義式臘腸橫切成一口大小的圓片，放入烤箱烘烤至剖面會滲出油脂的程度，然後盛盤。放上**1**後，再裝飾上山蘿蔔。

野味清湯

●**材料**（成品是13L）

鹿骨、綠頭鴨骨各3kg／洋蔥、胡蘿蔔各1.5kg／芹菜700g／洋蔥100g／荷蘭芹莖150g／百里香20g／蛋白50g／紅酒1L／露比波特酒900cc／巴薩米克醋2.5L／褐色高湯10L／小牛肉高湯1L

●**作法**

1 將鹿和鴨骨切成適當大小，加入切薄片的蔬菜類、荷蘭芹莖和百里香，充分混合。

2 加入蛋白充分混拌，再加紅酒、波特酒、巴薩米克醋混合，再一點一點慢慢倒入冷的褐色高湯混合，開火加熱。

3 煮沸後轉小火。

4 等蛋白吸附雜質漂浮起來後，用杓子撥出空間撈除浮沫雜質，熬煮6小時後，以細孔圓錐網篩過濾。

5 等煮到變濃稠後，視用途所需，加入熬煮好的小牛肉高湯調節濃度。

綠雉爽口奶油濃湯散發茼苣和龍蒿香味

彩圖在第68頁

●**材料**（30人份）

綠雉蔬菜高湯〔綠雉骨1隻份、雞骨2kg、水適量、干貝乾20g、岩鹽40g、香味蔬菜（洋蔥2個、胡蘿蔔3條、芹菜3根）、粗粒白胡椒少量、生干貝500g〕／沙拉菜泥〔沙拉菜、芝麻菜（Rucola）、菊苣深綠色部分・花生油、白葡萄酒醋各適量〕／綠雉肉丸〔綠雉、蛋黃、鮮奶油、鹽、白胡椒各適量〕／蕎麥米、培根、洋蔥、芹菜、鮮奶油、蛋黃、白葡萄酒醋、龍蒿、鹽、白胡椒各適量

●**作法**

用綠雉骨製作高湯

1 綠雉骨分切成4等份，雞骨也和綠雉骨切成相同大小。

2 在足量的水中加入**1**，倒入浸泡干貝乾的浸泡液一起煮開。

3 加入岩鹽，撈除表面的浮沫雜質，加入切塊的香味蔬菜、白粒胡椒，一面熬煮約3小時、一面撈除浮沫雜質。

4 加入生干貝繼續熬煮30分鐘，用圓錐網篩過濾。

製作沙拉菜泥

1 在煮沸的熱水加鹽，放入沙拉菜汆燙後，立刻放入冰水中浸泡定色，瀝除水分後放入果汁機中攪打。以相同的要領，將菊苣和芝麻菜都用沸水汆燙過。

2 在沙拉菜泥中放入菊苣、芝麻菜、花生油和白葡萄酒醋，用果汁機攪打成糊。

3 倒入鋼盆後，立刻加以冷凍，再切成2cm正方的小塊備用。

製作綠雉肉丸

1 綠雉肉用刀仔細剁碎，放入鋼盆中，加入蛋黃、鮮奶油、鹽和胡椒調味和調整稠度。

完成

1 蕎麥米放入加了培根、洋蔥和芹菜的足量熱水中煮熟。瀝除水分後，除了培根外，其他材料捨棄不用。

2 用湯匙修整肉丸的形狀，用綠雉高湯煮熟後，加入蕎麥米。

3 在1人份切成3小塊的沙拉菜泥中，加入少量2的高湯，用手握式攪拌器攪拌混勻（**圖1**）。

4 將**3**用茶濾過濾後，放回**2**的鍋裡，加入少量鮮奶油增加濃度（**圖2**）。

5 在打散的蛋黃中，加入白葡萄酒醋和少量的**4**稀釋，再倒回原來的濃湯中，稍微加熱（**圖3**）。

6 加鹽和胡椒調味。

7 在容器中倒入濃湯，中間放入煮熟的肉丸，再撒上龍蒿。

＊沙拉菜泥是沙拉菜、菊苣、芝麻菜，以9：0.5：0.5的比例混合製作。

為避免材料分離，用手握式攪拌器一口氣混拌均勻。

用細孔茶濾過濾後，去除沙拉菜的纖維。

使用傳統的方法，加入蛋黃增加濃稠度。

野豬喉頭肉和豬血派佐配包心菜

彩圖在第69頁

●**材料**（4人份）

雞肝275g（清理後的重量）／白砂糖5g／野豬喉頭肉225g／A〔白胡椒12g、杜松子切末・香菜籽碾碎・鹽・綜合香料・粗粒黑胡椒各適量〕／B〔生麵包粉10g、煮熟以叉子壓碎的馬鈴薯適量、洋蔥切末用奶油炒香適量、豬血適量〕／派麵團適量／蛋黃液〔蛋黃、水、白砂糖、鹽、鮮奶各適量〕／配菜（1人份）〔包心菜90g、茄子70g、乳化奶油液（beurre fondue）・鹽・無鹽奶油各適量、第戎芥末醬1小匙〕／肉類高湯（jus de viande）、乳化奶油液各適量／露比波特酒數滴／鹽、白胡椒各適量

●**作法**

將野豬肉攪碎製作派

1 在雞肝中撒入白砂糖醃漬5分鐘，用布拭乾水分。

2 將野豬喉頭肉和雞肝攪碎，放入底下放有冰水的鋼盆中。

3 加入A的材料，用木匙充分混合。

4 相對於250g的**3**，加入B稍微混合，再分成4等份。

5 派麵團用擀麵棍擀成厚2mm的麵皮，在中央放上**4**，對折後將邊緣密封（**圖1、2**）。

6 製作裝飾花紋後，塗上蛋黃液等它變乾，這個作業重複2次，放入冰箱冷藏讓它鬆弛一下。

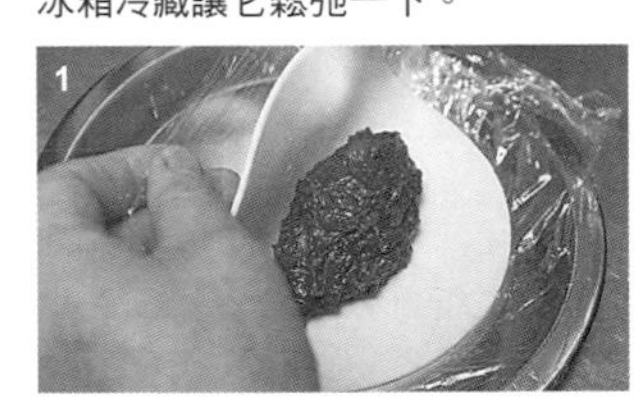

製作重點是包入的絞肉要堆得像山一般隆起。

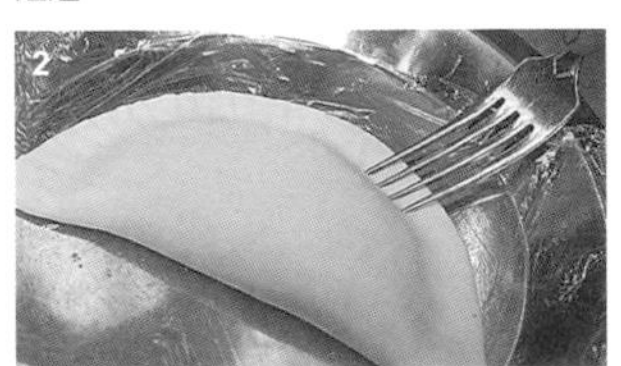

用叉子按壓邊緣，將派徹底密封，不讓空氣進入。

準備配菜

1 包心菜、茄子切成長方形，茄子用鹽水汆燙。

2 在鍋裡放入融化奶油、包心菜和鹽，加蓋後燜煮。

3 包心菜變軟後再加茄子，完成後開蓋讓水分蒸發，再加鹽和芥末醬調味。

製作醬汁即完成

1 將派放入220度的烤箱中烘烤約9分鐘。

2 肉類高湯熬煮變濃稠後，加入乳化奶油液增加濃度，再加波特酒增加香味，最後加鹽和胡椒調味。

3 在盤中盛入派，旁邊放上配菜，再倒入醬汁。

＊野豬絞肉是8人份。

＊乳化奶油液的作法是，將水、鹽和紅辣椒粉煮開後，加入奶油，用打蛋器攪拌使其乳化。

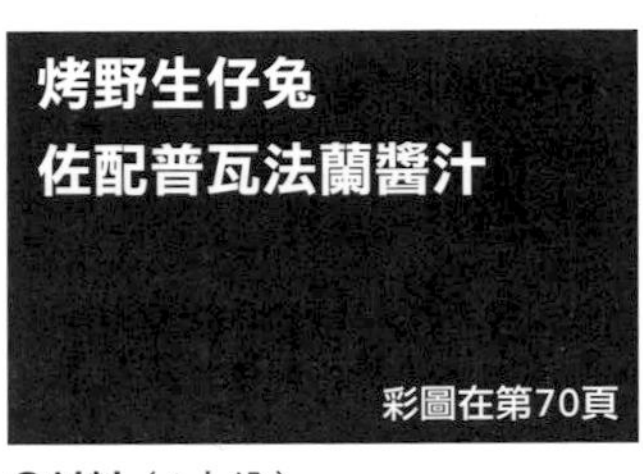

烤野生仔兔佐配普瓦法蘭醬汁

彩圖在第70頁

●**材料**（1人份）

野兔1隻／煮過的醃漬液〔洋蔥1/2個、胡蘿蔔1/3條、芹菜2根、沙拉油適量、紅酒整瓶2瓶、紅葡萄酒醋80cc、杜松子10顆、月桂葉1片、粗粒黑胡椒適量〕／野兔骨5kg／香味蔬菜〔切成2cm丁塊的洋蔥320g、切成2cm丁塊的胡蘿蔔225g、切成2cm丁塊的芹菜70g〕／橄欖油、無鹽奶油、低筋麵粉各適量／紅酒3L／雞高湯2L／小牛肉高湯600cc／鵝肝醬、豬血、干邑白蘭地、鮮奶油、粗粒黑胡椒各適量／栗子義大利餃〔丹波產栗子3kg、白砂糖350g、梔子果實3個、無鹽奶油・干邑白蘭地・松露各適量、松露高湯少量、白胡椒適量、義大利餃麵團適量〕／鹽、黑胡椒、根芹菜、乳化奶油液各適量

＊醬汁完成後是25人份。

●**作法**

剝去野兔皮

1 野兔去除內臟，從腳踝往頭部剝去整個皮。頭的部分沾黏得比較緊，要仔細的剝除（**圖1**）。

2 用刀砍掉前腳踝前端，用乾布仔細擦去沾黏的毛。

3 切掉前腳和後腿後，如同夾住背骨般用刀切下兩側的2條背肉（**圖2、3**）。

4 切下里脊肉的部分。肝和肺保留備用（**圖4、5**）。

準備煮過的醃漬液

1 蔬菜類切薄片，用沙拉油炒香。

2 加入紅酒、紅葡萄酒醋、杜松

準備配菜

1 在鋼盆中放入古司古司和無籽小葡萄乾，倒入泡濃一點的紅茶浸泡所有材料，蓋上保鮮膜後放在溫暖處浸泡。

2 在**1**中加入鹽、奶油和橄欖油調味，再蓋上保鮮膜暫放一會兒。

3 將喇叭菌排放在派盤中，均勻地淋上橄欖油，放入200度的烤箱中烘烤數分鐘，和古司古司混合。

4 將切成小丁的斑尾林鴿腿肉，和切成1cm小丁的鵝肝醬混合，加鹽、胡椒和紅辣椒粉調味。

5 加入肉桂風味醬汁，將全部材料調拌均勻。

盛盤

1 在盤子中央放入直徑9cm的中空圈模，將配菜放入模型中，拿掉模型後，排放上斑尾林鴿的葉形胸肉、心臟和鴿胗，再重疊上胸肉。在周圍倒入醬汁，撒上黑胡椒粒和荷蘭芹。將醬汁中使用的肉桂棒插在中央。

＊混合豬血的奶油作法是，將等量的豬血和無鹽奶油放入食物調理機中充分混拌。修整成筒形後冷藏保存。

斑尾林鴿的肝臟泥
將斑尾林鴿的肝臟和鵝肝醬一起攪打成泥狀，塑成筒狀保存。可用來使醬汁增加黏稠度。

紅酒醃生蝦夷鹿片蘑菇和松露沙拉

彩圖在第65頁

●**材料**（6人份）

蝦夷鹿腿肉450g／醃漬液A〔岩鹽37g、大蒜薄片3片份、白砂糖3g、百里香2根、月桂葉1片、迷迭香3根、荷蘭芹莖3根、粗粒黑胡椒少量〕／醃漬液煮汁〔紅酒750cc、香味蔬菜（洋蔥1個、胡蘿蔔1/2條、芹菜1根、大蒜2片）、香料束1把、粗粒黑胡椒適量〕／蘑菇、鹽、黑胡椒、紅蔥頭、油醋醬汁、黑胡椒粒、松露、蒜味美乃滋各適量

●**作法**

醃漬腿肉

1 腿肉捲成筒狀，用棉線綑綁修整形狀，放入裝有醃漬液A的鋼盆中，讓它浸泡醃漬一晚。

2 隔天泡入冰水中去除鹽份。

3 在鍋裡放入醃漬液煮汁的材料，熬煮到剩一半的量，放置待涼。

4 腿肉擦乾水分，放入**3**中繼續醃漬2天。

5 腿肉瀝乾水分放在網架上，放在冰箱容易吹到風的位置，並不時翻面，約冰3天時間讓它變乾。

準備沙拉後盛盤

1 蘑菇切薄片，加入鹽、胡椒和紅蔥頭混合，再以油醋醬汁調拌均勻。

2 拆掉腿肉的棉線，切薄片，1人份75g，用保鮮膜夾住拍打變薄後，再盛入盤中。

3 在上面撒滿鹽、黑胡椒粗粒和松露末，在中央漂亮的排放上**1**，再擠上美乃滋。

新潟產小水鴨和鵝肝醬肉捲

彩圖在第66頁

●**材料**（3人份）

新鮮鵝肝75g／A〔鹽、白胡椒、綜合香料、紅胡椒（Pink pepper）、白砂糖各適量〕／鴨凍〔鴨骨5隻份、洋蔥3個、胡蘿蔔3條、韭蔥1/2根、芹菜3根、百里香20根、荷蘭芹莖20根、干邑白蘭地・馬得拉酒・蛋白・褐色高湯各適量、吉利丁片少量〕／小水鴨1隻／無鹽奶油、干邑白蘭地各適量／紅蔥頭切末少量／白酒少量／鹽、白胡椒、白花菜、綠花椰菜、四季豆、番茄各適量／紅葡萄酒醋、松露油、橄欖油、龍蒿、松露切末各適量

●**作法**

醃漬鵝肝再加熱

1 鵝肝切成1.5cm正方的小丁，塗滿A材料，醃漬一天。

2 放入150度的烤箱中烤2分鐘後，立刻放入冷凍庫急速降溫，並用保鮮膜包好。

製作鴨凍

1 鴨骨切碎放入鍋中，加入切薄片的洋蔥、胡蘿蔔、韭蔥、芹菜、百里香、荷蘭芹莖、干邑白蘭地、馬得拉酒和蛋白，將全體充分混勻。

2 倒入能蓋過材料的褐色高湯，開火加熱，蛋白吸附雜質後會浮起來，從那裡撥開材料形成一個空隙，用湯杓撈除浮沫雜質，加熱5～6個小時後以圓錐網篩過濾。

3 再開火加熱，一直熬煮到味道釋出，再加入泡水回軟的吉利丁片，煮至融化。

在小水鴨中捲包入鵝肝

1 用瓦斯槍燒掉小水鴨表面的細毛，從背部下刀切開成為一片，切掉背骨和腿部。為了讓展開的鴨肉厚度平均，在薄的部分鑲入去骨的腿肉和葉形胸肉。

2 用煮成焦黃色的奶油液炒心臟和肝臟，加入干邑白蘭地增加香味，放置變涼後，再用刀剁碎。

3 奶油加熱，將紅蔥頭炒到變軟，加入白酒。

4 熬煮一會兒後離火，讓它變涼，和**2**混合後，加鹽和胡椒調味。

5 將**4**塗抹在**1**上，在中央放上拆掉保鮮膜的醃鵝肝，然後捲包起來。

6 捲包後修整成筒形，用保鮮膜緊密的包兩層，用棉線綑綁後，用鋁箔紙緊緊的包裹起來。

將肉捲加熱

1 將包好的肉捲放入68度的熱水中，一面維持一定的溫度，一面煮27分鐘。

2 從鍋子中取出瀝乾水分，放置約7分鐘，再放入冰水中浸泡冷卻。

製作沙拉即完成

1 將白花菜、綠花椰菜、四季豆切成好食用大小，用鹽水汆燙後，瀝除水分。番茄用熱水燙過剝去外皮。

2 將**1**用鹽、胡椒、紅葡萄酒醋、松露油、橄欖油、龍蒿調拌，製成沙拉。

3 在盤中鋪入沙拉，肉捲切成約1.5cm厚盛盤，最後撒上松露。

鵝肝、野豬腳和芋頭的酸味凍佐配涼拌胡蘿蔔

彩圖在第67頁

●**材料**（30×12cm鋼盆1個份）

新鮮肝臟切2cm小丁400g／鹽、白胡椒、紅胡椒、綜合香料、白砂糖各適量／野味清湯（請參照p.99）適量／小牛肉高湯、巴薩米克醋、水、雪莉酒醋各適量／野豬腳12支／洋蔥2個／胡蘿蔔2條／芹菜3根／荷蘭芹莖10根／百里香10根／月桂葉2片／粗粒黑胡椒少量／吉利丁片適量／芋頭200g／胡蘿蔔、油醋醬汁、蜂蜜、山蘿蔔各適量

●**作法**

醃漬鵝肝，再水煮

1 鵝肝塗上鹽、胡椒、紅胡椒、綜合香料和白砂糖後，醃漬一晚。

2 將鵝肝放入預熱至40度的野味清湯中，一面保持一定的溫度，一面約煮3～4分鐘。

3 將小牛肉高湯、巴薩米克醋分別熬煮變濃稠後備用。

4 取出**2**的鵝肝，在煮汁中加入**3**的小牛肉高湯和水各1小杯調味，完成後加入雪莉酒醋，和**3**的巴薩米克醋2小杯。

燉野豬腳，填入模型中

1 野豬腳換水煮4～5次。

2 加入能蓋住野豬腳的水，再放入切大塊的洋蔥、胡蘿蔔、芹菜、荷蘭芹莖、百里香、月桂葉、黑胡椒粒和鹽，約花3天的時間煮到豬腳變軟。

3 剔除骨頭後，放入煮開的野味清湯中煮數分鐘，讓它入味。

4 在鵝肝煮汁中加入泡水回軟的吉利丁片，煮至融化。

5 芋頭去皮，用洗米水（分量外）煮過後換水再煮，一面慢慢加鹽，一面用水煮軟。

6 在鋼盆中平均放入鵝肝、野豬腳100g和芋頭，倒入**4**後放入冰箱冷藏凝結（圖**1**）。

春夏是用豬肉，秋冬是用野豬腳，用野味清湯煮過後製成肉凍。

完成

1 製作涼拌胡蘿蔔。胡蘿蔔切絲，加鹽和胡椒調味。

2 在油醋醬汁中加入蜂蜜、雪莉酒醋，使味道變酸甜，放入胡蘿蔔調拌均勻。

3 肉凍切好盛入盤中，配上瀝除水分的**2**，再裝飾上山蘿蔔。

＊燉煮的野豬約4個淺盤份。

細毛仔細拔除（**圖5**）。

5 刀子如同夾住背骨般，從兩側呈縱向切入，翻面後再將腿部切下（**圖6**）。

6 切下2片胸肉，內臟用手拔出，將腹裡清理乾淨（**圖7、8**）。

製作餡料用的綠雉絞肉

1 將綠雉胸肉剔除骨頭，筋絡清除乾淨共準備130g，切成1cm的小丁，加鹽和黑胡椒（**圖9**）。

2 腿肉也剔除筋膜，和內臟及剩餘的胸肉一起用絞肉機攪碎（**圖10**）。

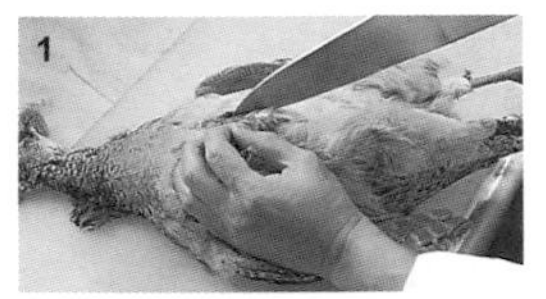
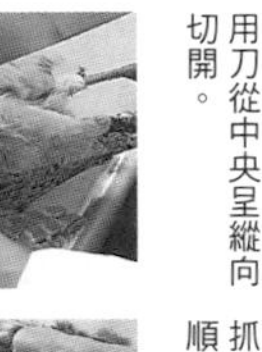
用刀從中央呈縱向切開。

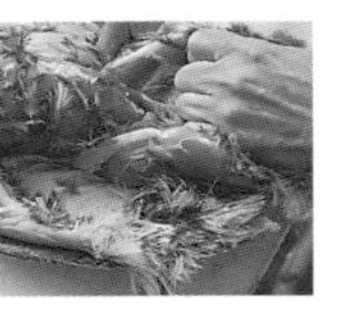
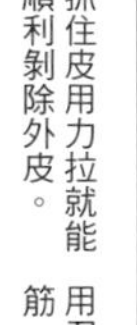
抓住皮用力拉就能順利剝除外皮。

用刀切開關節的硬筋。

拉開關節，用指甲將較細的硬筋掐斷。

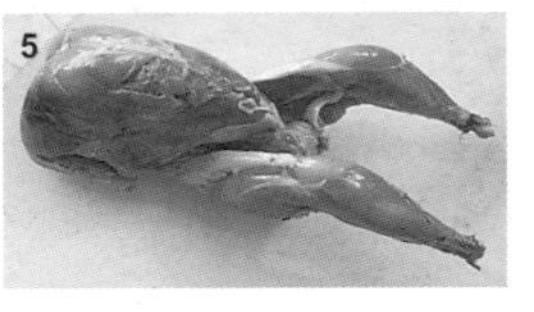
這是完全剝去外皮的狀態。

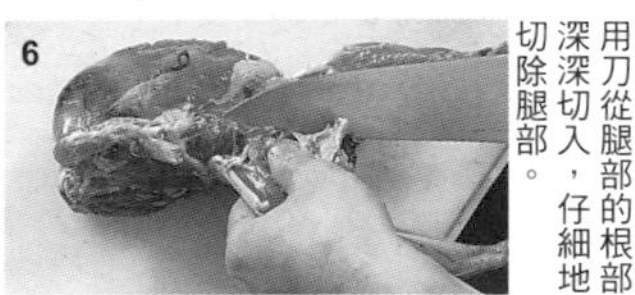
用刀從腿部的根部深深切入，仔細地切除腿部。

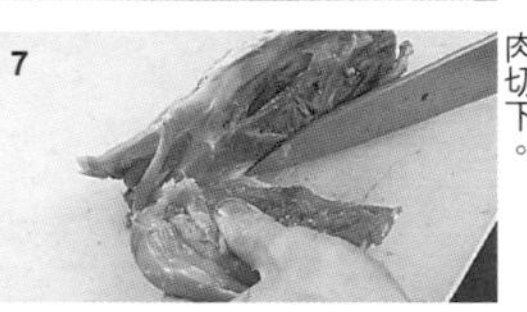
從胸部中央骨頭的兩側，用刀切入將肉切下。

胸肉、腿、內臟（肝、心臟、胗）、雞骨等呈分開的狀態。

圖中是綠雉絞肉要混合的材料。

將腿、胸和內臟類一起用絞肉機攪碎。

將材料充分混拌到產生黏性，然後用絞肉包住鵝肝醬。

準備餡料

1 開心果、松子用烤箱烤過。

2 菇類切成適當的大小，用清澄奶油液煎過。只加鹽調味，讓它一面充分吸收奶油，一面用大火拌炒。

3 在**2**中加入大蒜、紅蔥頭，炒出香味後，撒入白胡椒放涼，再切成粗切。

4 將鵝肝醬切成適當的大小，放在室溫中回軟。

5 在攪拌盆中放入300g絞肉和菇類混合，依序加入開心果、松子、百里香、迷迭香、綜合香料，和30g切小塊的鵝肝醬混合，加鹽和黑胡椒調味。

6 用手攪拌均勻後，分成1人份90g，每份包入20g鵝肝醬，然後放入冰箱冷藏一晚。（**圖11**）。

用派麵團包覆後烘培

1 派麵團用擀麵棍擀成2mm厚，切成15cm正方和20cm正方形，1人份各準備1片。

2 在20cm正方的派麵團中央，放上餡料，在周圍塗上蛋黃液，再蓋上15cm正方的派麵團，擠出其中的空氣，讓兩片緊密黏合，用刀在上面切出裝飾花紋。

3 以直徑9cm的菊花形切模割取後，在表面塗上蛋黃液，待其變乾。

4 在中央用刀切個小孔，插入自製的紙筒，作為通氣孔。

5 將**4**放在鋪好烤培紙的烤盤中，放入250度的烤箱中約烤3分鐘，在烤培紙下方墊上網架，再繼續烘烤。

6 等派麵團底部烘烤上色後，撕掉烤焙紙，放在網架上再烤約5分鐘。

7 等表面也烘烤上色後，將溫度降低至200度，再烤約8分鐘。

製作松露醬汁

1 將50cc干邑白蘭地、馬得拉酒、波特酒和松露一起熬煮到水分收乾。

2 加入松露汁和小牛肉高湯，熬煮到變濃稠後再繼續熬煮。

3 加鹽和胡椒調味後，再加入奶油，一面搖晃鍋子，一面煮融，再平均淋上少量干邑白蘭地增加香味。松露的香味不足時，在這個階段可加入松露油。

完成

1 在鋼盆中倒入醋，加鹽和胡椒，一面一點一點慢慢倒入油，一面用打蛋器混拌，製作油醋醬汁。

2 將切成好食用大小的什錦沙拉葉、番茄，和乾烤好的核桃，用**1**調拌均勻。

3 將烤好的派盛入盤中，倒入醬汁，在另一個盤裡盛放沙拉即完成。

塔吉風味斑尾林鴿
蜂蜜和肉桂風味
佐配馬鬱蘭風味
紅茶塔布雷（taboule）

彩圖在第63頁

●材料（1人份）

斑尾林鴿1隻／鹽、黑胡椒、沙拉油、無鹽奶油各適量／大蒜薄片2～3片／紅蔥頭切片1個份／干邑白蘭地少量／紅葡萄酒適量／水少量／紅酒醬汁的醬底（請參照p.104）50g／蜂蜜6g／肉桂粉、紅辣椒粉各少量／鵝肝醬10g／豬血的混合奶油6g／鮮奶油、肉桂棒各少量／干邑白蘭地少量／紅葡萄酒醋少量／塔布雷配菜〔古司古司（couscous）10g、無籽小葡萄乾10顆、大吉嶺紅茶適量、鹽・無鹽奶油・第一道特級橄欖油適量、喇叭菌5g、斑尾林鴿的腿肉1隻份、鵝肝醬8g、鹽・黑胡椒・紅辣椒粉（cayenne pepper）各適量、肉桂風醬汁少量〕／黑胡椒粗碎粒，荷蘭芹切末各適量

●作法

分別油煎斑尾林鴿的腿和胸肉

1 從斑尾林鴿的腿部根部切下腿，撒上鹽和黑胡椒，放入已加熱沙拉油的平底鍋中油煎表面。

2 剔除腿骨，將肉切成1～2mm的小丁。

3 切掉腿部的斑尾林鴿，放入已加熱沙拉油的平底鍋中，從背側開始油煎，一面翻面，一面將胸部煎至還未變成焦黃色即可。

4 完成時加入奶油，將皮煎至焦脆，放在溫暖處一會兒。

5 切下2片胸肉，再分切葉形胸肉、鴿胗、心臟和肝。在鴿胗和心臟上撒上鹽和黑胡椒，放入已加熱沙拉油的平底鍋中油煎。肝臟用於醬汁中。

6 胸肉放入已加熱沙拉油的平底鍋中，用小火油煎皮面。翻面後再煎一下，然後放在溫暖處一會兒。

拌炒斑尾林鴿骨，製作醬汁的醬底

1 切下斑尾林鴿的胸肉後，將剩下的骨頭切成適當的大小，用沙拉油稍微炒一下。炒太久血液變焦會散發苦味，這點請注意。

2 加入大蒜和紅蔥頭，加入足量的沙拉油，炒到材料變軟為止。

3 再均勻地淋入干邑白蘭地，開火加熱，讓酒精揮發掉。

4 加入30cc紅酒，再熬煮一下，途中加水以便刮取沾黏在平底鍋底部的漬液，等散發香味後，用圓錐網篩過濾（**圖1**）。

製作肉桂風味醬汁

1 完成後是2～3人份。在紅酒醬汁的醬底中，加入上文中製作的醬底，再熬煮5分鐘。

2 加入蜂蜜，再加肉桂粉和紅辣椒粉增加香味。

3 斑尾林鴿的肝臟切碎，和鵝肝醬一起混勻後以網篩過濾，加入**2**中融合混勻。

4 加入混合豬血的奶油，使醬汁變黏稠，加入鮮奶油後用圓錐網篩過濾（**圖2、3**）。

5 加入肉桂條和鹽，以稍多的黑胡椒調味，加入少量奶油，一面搖晃鍋子使其融合（**圖4**）。

6 加入少量紅酒、干邑白蘭地和紅葡萄酒醋，增加香味即完成。

用木匙按壓骨頭，擠出鮮美湯汁。

只加肝臟風味還不夠，再加入混合豬血的奶油補強。

加入血後很容易分離，要用打蛋器不斷的混拌。

以粉末和條棒兩種肉桂，來增加香味。

餡料〔白菜1片、茼蒿3棵、鹽適量、松露薄片4片、自製培根薄片4片、黑胡椒・豬網脂・紅酒醬汁的醬底（請參照p.104）各適量〕／粗粒黑胡椒、荷蘭芹切末各少量

●作法

山鷸切塊後加熱

1 將山鷸的毛去除乾淨，用刀從雙腿根部內側切下。
2 頭部從根部切下後，縱切成2等份，撒上鹽和胡椒，沾上麵粉清炸。
3 腿肉撒上鹽和胡椒，從下刀側開始用沙拉油香煎。
4 身體也撒上鹽和胡椒，胸部朝上放入已加熱沙拉油的平底鍋中油煎。
5 等背部側煎好後翻面，再煎胸部。完成時一面加入少量奶油增加香味，一面煎成焦黃狀態。
6 放在溫暖處約7～8分鐘，再切下2片胸肉，然後切下葉形胸肉。
7 取出內臟，將各1/2份切半去除污血的心臟和肝臟，和鵝肝醬一起用網篩過濾，作為醬汁備用。剩餘的內臟類也要用於醬汁中先暫放備用。

製作莎美斯醬汁

1 山鷸尾部骨頭和頸部分切成4～5cm大塊，用沙拉油稍微拌炒一下（圖1）。
2 再加入大蒜和紅蔥頭和足量的沙拉油，炒到材料變軟，均勻淋上干邑白蘭地開火燉煮，煮到讓酒精揮發掉。
3 加入20cc的紅酒繼續煮，過程中加水，以利刮下黏在平底鍋的鮮美漬液，等煮到散發香味時，用圓錐網篩過濾（圖2、3）。
4 在紅酒醬汁的醬底中，加入3約煮5～6分鐘，再用圓錐網篩過濾。
5 加熱沙拉油，將剩餘的內臟和腿肉煎一下，等腿皮煎至焦黃色時，和胸肉、葉形胸肉一起放入4中調拌入味（圖4）。
6 肉很快就熟了，從醬汁中取出肉和內臟。剩下的醬汁熬煮變濃稠後，再放入和鵝肝醬一起過濾好的內臟混合。
7 加入鮮奶油後，再融入3g奶油，加少量紅酒、雅馬邑白蘭地酒，

血液炒太久變焦會產生苦味，這點請留意。

加入紅酒後轉大火一口氣持續熬煮。

用圓錐網篩過濾後，從上面淋些水，讓美味完全過濾出來。

在醬汁旁煎山鷸腿和胸肉，就能立刻加入醬汁中。

加入紅酒，85年份的雅馬邑白蘭地酒增加香味即完成。

最後加鹽和胡椒調味（圖5）。

製作白菜和茼蒿餡料

1 白菜切4等份用鹽水汆燙，用網篩撈起後瀝乾水分，然後用布包裹扭絞，充分擠乾水分。
2 茼蒿用鹽水稍微汆燙，和白菜同樣地擠乾水分。
3 依序將白菜、茼蒿、松露、培根交互重疊，用網脂包裹三層，再修整成圓形。
4 紅酒醬汁醬底倒入約能蓋住鍋底的量，加熱後放入3，放在爐火上較邊緣處一面加熱，一面不時用湯匙舀取醬汁澆淋。

盛盤

1 白菜和茼蒿的餡料切半，切面朝上放入盤中，平均各放上1/2份的腿、胸和頭，再撒上黑胡椒粒。
2 旁邊放上內臟類，撒上荷蘭芹，倒入醬汁。

剩餘的山鷸心臟、肝和鵝肝醬混合以網篩過濾後，製成筒狀。此種狀態保存，要用於醬汁時就很方便。

用網捕獵的
宮城縣遠田郡產的烤綠頭鴨
喇叭菌泥和紅酒醬汁
香烤腿肉
紫蘿蘭芥末風味
內臟和紅蔥頭沙拉
酪梨油香味

彩圖在第60頁

●材料（1人份）

喇叭菌（Craterellus cornucopioides）泥〔喇叭菌200g、無鹽奶油適量、紅蔥頭切末3.5個份、鹽適量、干邑白蘭地少量、馬得拉酒50cc、濃縮清燉肉湯150cc、小牛肉高湯30cc、鮮奶油・白胡椒各適量〕／綠頭鴨1/2隻／鹽、黑胡椒、沙拉油、無鹽奶油、橄欖油、麵包粉、白胡椒、紫蘿蘭芥末醬各適量／紅蔥頭1個／紅酒醬汁的醬底（請參照p.104）30cc／粗粒黑胡椒少量／荷蘭芹切末少量／油醋醬汁適量／山蘿蔔、細香蔥、蒔蘿各適量／酪梨油適量

●作法

製作喇叭菌泥

1 喇叭菌擦除髒污，清理乾淨。
2 奶油加熱，將紅蔥頭炒軟，加入喇叭菌繼續拌炒。
3 撒入鹽，轉用小火慢慢拌炒，等菇類散出香味後均勻地倒入干邑白蘭地，轉大火讓酒精揮發掉。
4 加入馬得拉酒熬煮一下，再加濃縮清燉肉湯和小牛肉高湯，約熬煮20分鐘。
5 用果汁機攪打成泥，加鮮奶油稀釋調整濃度，加鹽和胡椒調味，最後完成時融入少量奶油。

烤綠頭鴨

1 將綠頭鴨的腿肉從根部切下，在身體上撒上鹽和黑胡椒，胸部朝上放入已加熱沙拉油的平底鍋中油煎。
2 背側煎好後翻面，繼續煎胸部。完成時一面加入少量奶油增加香味，一面將其煎成焦黃色。
3 將肉放在溫暖處7～8分鐘，切下胸肉，再切下葉形胸肉。切下翅膀後切除前端的一截，切掉翅膀中段周圍的肉，只留下骨頭和翅膀根部。
4 取出內臟，分開肝、心臟和鴨胗。心臟切半後去除污血。
5 加熱橄欖油，將大量的麵包粉炒成金黃色。
6 腿肉沿著骨頭用刀從內側切入，撒上鹽和白胡椒。
7 加熱沙拉油，先煎腿肉內側，翻面後再煎皮面。
8 除前端骨頭外，切掉其餘的骨頭，在皮面塗上芥末醬，再放上5，放入開放型烤箱中，以遠火將麵包粉烤成金黃色。

完成

1 紅蔥頭連皮烤軟，對切成一半。
2 在葉形胸肉、心臟、肝和鴨胗上，撒上鹽和白胡椒，再用沙拉油香煎。
3 加熱紅酒醬汁的醬底，以鹽和黑胡椒調味。
4 在盤子正中央鋪入喇叭菌泥，放上切片的胸肉，撒上胡椒粒，在周圍倒入3。另外佐配撒上白胡椒的葉形胸肉，以及放上麵包粉，撒上荷蘭芹的烤腿肉。
5 在另一個盤子裡順著邊緣倒入3，盛入以油醋醬汁調拌的香草和翅膀中段。再放上烤好的紅蔥頭，盛入內臟，放上荷蘭芹，最後淋上酪梨油。

包入母綠雉、鵝肝醬開心果和松子餡的派佐配松露醬汁

彩圖在第62頁

●材料（6人份）

母綠雉1隻／鹽、黑胡椒各適量／餡料〔開心果20g、松子18g、菇類（蘑菇、鴻禧菇、香菇、杏鮑菇）混合共100g、清澄奶油液、鹽各適量、大蒜切末5g、白胡椒少量、紅蔥頭切末25g、鵝肝醬150g、百里香切末・迷迭香切末・綜合香料・黑胡椒各少量〕／派麵團適量／蛋黃液（dorure）（蛋黃加水稀釋）／松露醬汁〔干邑白蘭地適量、馬得拉酒100cc、露比波特酒15cc、松露切末100g、松露汁25g、小牛肉高湯500cc、鹽・白胡椒各適量、無鹽奶油10g、松露油適量〕／油醋醬汁〔香檳酒醋、鹽、白胡椒、核桃油、花生油各適量〕／什錦沙拉（Salad melange）〔紫葉菊苣、紅葉萵苣、菊苣各適量〕／番茄、核桃各適量

●作法

綠雉連毛一起剝除外皮後分切

1 胸部朝上從中央下刀，連毛一起將皮剝除，剝除至某種程度後，從根部切除頸部（圖1、2）。
2 接著依續切掉兩側翅膀和尾巴。
3 用刀從腿部前側關節下刀，拉開關節（圖3、4）。
4 用流水稍微清洗，利用拔毛器將

網脂、紅酒醬汁的醬底（請參照下文）各適量／卡奧爾醬汁〔野兔骨1kg、香味蔬菜（洋蔥、胡蘿蔔、芹菜、大蒜各適量）、沙拉油適量、紅酒（卡奧爾）1750cc、第二道小牛肉高湯600cc〕／半甜巧克力6g／覆盆子果醬10g／混合野兔血的奶油6g／無鹽奶油少量／黑胡椒、紅葡萄酒醋各少量／南瓜泥〔無鹽奶油適量、洋蔥（切薄片）1/2個、南瓜1個、雞高湯・水・鮮奶油・鹽・白胡椒各適量〕／粗粒黑胡椒、細香蔥、荷蘭芹各少量

●作法

野兔用鹽和紅酒醃漬

1 野兔剝皮，腿部從根部切斷，身體是將肩肉與骨頭分開。肉用大量的鹽醃漬6小時。骨頭之後才使用，肩肉並不使用。

2 切下腿部的骨頭，用4瓶份的紅酒醃漬3天的時間，腿骨還要保留備用。

用紅酒將肉燉煮入味

1 腿肉用沸水煮開一下，撈除浮沫雜質後，用網篩撈起瀝除水分，放入鍋中。

2 醃漬骨頭的紅酒煮沸一次後，用圓錐網篩過濾後，倒入**1**中混合。

3 在已加熱沙拉油的平底鍋中，放入橫切的大蒜，斷面朝下煎成焦黃色。

4 洋蔥橫切後讓它散開來，加入**3**中，充分拌炒到變成褐黃色。

5 將**4**加入**2**中煮開一下，再撈除表面的浮沫雜質。

6 用棉布包住香料束的材料，用棉線綑綁後，加入**5**中。

7 倒入第二道小牛肉高湯，一面讓溫度保持70～80度，一面燉煮3～5個小時。

8 腿肉變軟後，取出用手撕碎。煮汁用圓錐網篩過濾。

製作蜜煮栗子

1 栗子去除外皮用高溫沙拉油清炸後，再去除澀皮。

2 糖漿用等量的水稀釋後煮開，加入栗子熬煮到變軟，然後直接放著醃漬，等它變涼。

用萵苣包裹野兔肉再加熱

1 開火加熱野兔的煮汁，一面撈除浮沫雜質，一面熬煮。

2 在另一個鍋裡熬煮卡奧爾紅酒，直到水分快要收乾。

3 將500g撕碎的腿肉加入**2**，熬煮到較濃稠，放入油糊溶合，讓濃度更濃郁。

4 將煮好的野兔肉和自製培根，以5：1的比例混合，加入**1**的煮汁燉煮，完成後加入混合奶油、無鹽奶油、紅酒和干邑白蘭地，最後加入鹽和黑胡椒調味。

5 將**4**倒入鋼盆中讓它自然變涼，用保鮮膜取1人份90g攤開，在中央放上蜜煮栗子包裹起來（**圖1**）。

6 萵苣用鹽水汆燙一下，徹底瀝乾水分備用。

在攤平的野兔肉正中央，放上整顆栗子包裹起來。

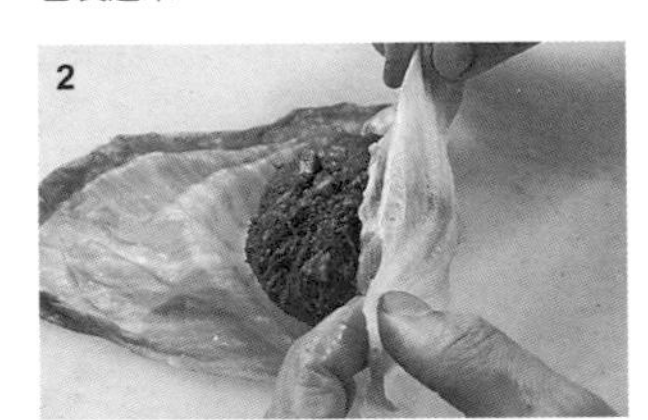

用2～3片萵苣再包裹起來，讓總重量變成約200g。

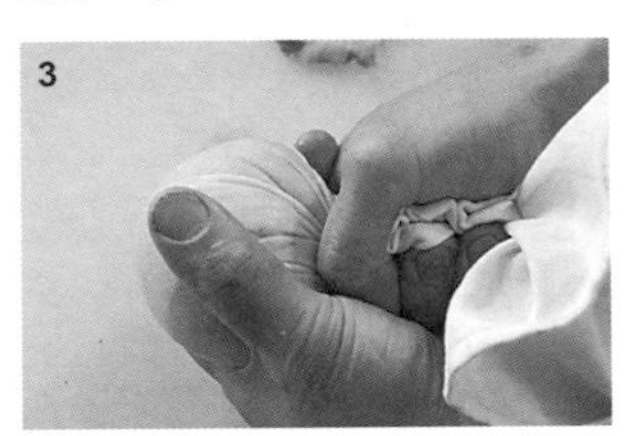

再用一片萵苣包覆後，用濕布包裹後用力絞緊，徹底擠出萵苣的水分。

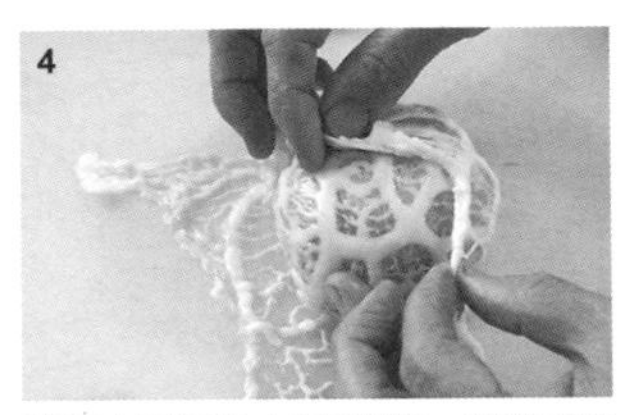

萵苣上面再包上2層網脂，修整成球形。

7 **5**用數片萵苣葉包裹後，再用布整個包住，用力絞緊擠出萵苣的水分（**圖2、3**）。

8 在萵苣上繼續包裹網脂（**圖4**）。

9 將大約能蓋住鍋底的量的紅酒醬汁醬底煮開，放入**8**後，將它放在爐火上靠邊緣溫度較低處，一面不時用湯匙舀取醬汁澆淋，一面約加熱30～40分鐘。注意不能用烤箱加熱，否則會破裂。

製作卡奧爾醬汁

1 將野兔骨切成適當的大小，用大量沸水煮過後換水再煮一次。

2 香味蔬菜切成1cm正方的小丁，大蒜橫切放入已加熱的沙拉油中拌炒。

3 在鍋裡倒入1000cc紅酒，開火加熱，煮沸後繼續加熱讓酒精揮發掉。

4 在紅酒加入骨頭、香味蔬菜和小牛肉高湯，溫度一面保持90度，一面燉煮3小時。

5 用圓錐網篩過濾後，再繼續熬煮使它變濃稠。

6 在另一個鍋裡加入750cc紅酒，煮到水分快要收乾，然後加入**5**中混合。

完成醬汁

1 卡奧爾醬汁和紅酒醬汁的醬底，以3：1的比例混合，熬煮到變濃稠。

2 再加入切碎的巧克力、果醬、混合野兔血的奶油、少量紅酒、奶油、鹽、黑胡椒調味，最後加入極少量的紅葡萄酒醋提味。

製作南瓜泥

1 奶油加熱將洋蔥炒軟，加入隨意切成2cm大的南瓜塊和少量奶油，加蓋後放入180度的烤箱中烘烤。

2 中途加入雞高湯和水補充水分，約烤20分鐘讓南瓜變軟。

3 將南瓜放入果汁機中攪打成泥，用網篩過濾後，倒入鍋中開火加熱，再加鮮奶油稀釋。

4 加鹽和胡椒調味，以少量奶油增加風味即完成。

盛盤

1 在湯盤正中央盛入酒煮野兔，淋上大量的醬汁，放上黑胡椒粒、切成2cm長的細香蔥。南瓜泥用湯匙修整形狀後放在另一個盤中，撒上荷蘭芹末。

＊油糊的作法是，將80g無鹽奶油開火煮融，一點一點慢慢加入150g高筋麵粉混合，再放入150度烤箱中一面每隔5分鐘混合一下，一面約烤30～40分鐘。因為奶油炒過，所以油糊比奶油麵糊（beurre manie）更濃郁、更香。

＊野兔混合奶油的作法是，分切野兔時所收集的血，和無鹽奶油以3：2的比例，放入果汁機中充分混合。再修整成筒狀放入冰箱冷藏保存。

煎到脂肪焦脆的熊本產仔野豬里脊肉佐配淡味紅酒醬汁香煎下仁田蔥和烤西洋梨

彩圖在第58頁

●材料（1人份）

仔野豬里脊肉200g／鹽、黑胡椒、沙拉油、無鹽奶油各適量／淡味紅酒醬汁〔紅酒醬汁的醬底（請參照P.104）30g、無鹽奶油、鹽、黑胡椒、紅酒、干邑白蘭地各適量〕／西洋梨1/4個／橄欖油適量／菠菜1/2把／白胡椒適量／下仁田蔥1根／第一道特級橄欖油、給宏德的鹽、粗粒黑胡椒、荷蘭芹切末各適量

●作法

香煎里脊肉以去除油脂

1 先把里脊肉的油脂削掉一半，將附在肉上的油脂用刀劃出格子狀。

2 將肉翻面，另一側也同樣用刀劃出格子狀，整塊肉上撒上鹽和胡椒。

3 在已加熱沙拉油的平底鍋中裡放入里脊肉，一面煎，一面翻面多次以釋出油脂，然後暫放在溫暖處一會兒。

4 切除脂肪，要食用前再放入已加熱沙拉油和奶油的平底鍋中，再迅速煎一下。將少量脂肪切成長薄片，一起煎到變得焦脆。

完成

1 製作淡味紅酒醬汁。紅酒的醬底加熱，加入奶油、鹽、黑胡椒調味，完成後加入紅酒、干邑白蘭地增加香味，加入多餘的油脂後加熱。

2 西洋梨縱切成4等份，取1人份的1片放入已加熱的橄欖油中，將表面煎成焦黃色，再放入200度的烤箱中約烤3分鐘，讓它軟爛如泥。

3 取菠菜葉片部分，用橄欖油炒過，加鹽和白胡椒調味。

4 下仁田蔥斜切成2cm寬，用橄欖油煎成焦黃色，再撒上鹽和白胡椒。

5 在盤中排放好下仁田蔥，撒上第一道特級橄欖油和給宏德的鹽。

6 在正中央放上菠菜、西洋梨，用鐵籤捲住煎成焦黃的脂肪，再刺到西洋梨上。里脊肉盛入盤中後，撒上胡椒粒和荷蘭芹，最後倒入醬汁。

煎山鷸配紅酒和內臟燉煮的莎美斯醬汁包入松露、白菜和茼蒿餡料的配菜

彩圖在第59頁

●材料（2人份）

山鷸1隻／鹽、黑胡椒、低筋麵粉、沙拉油、無鹽奶油各適量／鵝肝醬8g／大蒜薄片3片／紅蔥頭薄片1個份／干邑白蘭地少量／紅葡萄酒、水各適量／紅酒醬汁的醬底（請參照p.104）60cc／鮮奶油少量／雅馬邑白蘭地酒（Armagnac）4cc／白菜和茼蒿

蔬菜高湯適量／棕熊背肉的絞肉（瘦肉與肥肉的比例為8：2）150g／薊根、蘇打各適量／炒軟的紅蔥頭30g／鹽、白胡椒各適量／野豬網脂1頭份／紅酒1.5L／馬得拉酒300cc／波特酒300cc／干邑白蘭地100cc／香味蔬菜B〔洋蔥切末1個份、胡蘿蔔切大塊1/2條、芹菜切大塊1/4根、連皮大蒜1瓣〕／山藥煎餅〔山藥120g、蛋黃1個份、低筋麵粉15g、鹽・白胡椒各少量、茄子1/2條、清燉肉湯適量、橄欖油少量〕／蓮藕煎餅〔鹽・醋各少量、蓮藕100g、蛋黃1個份、全蛋1/3個份、低筋麵粉10g、燙過的茼蒿20g、蒔蘿少量、白胡椒少量〕／無鹽奶油適量／紅馬鈴薯適量／橄欖油適量／薊葉和根（裝飾用）適量

●**作法**

事前準備

1 在棕熊的心臟上，塗滿醃漬用材料，冷藏一晚備用。

2 製作野味高湯。先將野味骨頭和筋膜，用紅葡萄酒、香味蔬菜A和辛香料醃漬一晚。

3 香味蔬菜A瀝除水分後，用橄欖油拌炒。

4 將醃漬液先煮沸，過濾後再熬煮。加入小牛肉高湯、骨頭和筋膜、炒過的香味蔬菜和辛香料，以中火約熬煮1～2個小時，再過濾一次。

5 將日曬1週左右變乾的山白竹放入果汁機中攪打，過濾成粉狀。

製作鵝肝醬

1 將鵝肝清理乾淨，去除筋膜和外皮。

2 加入波特酒、砂糖、鹽和胡椒醃漬一晚。

3 填入模型中後，放入120度的烤箱中，隔水約烤15～20分鐘。取出等稍涼後，放入冰箱冷藏使其凝結。

燉煮填鑲入心臟的餡料

1 棕熊心臟用水洗淨，用刀從正中央切開，剔除血管、筋膜等。

2 用蔬菜高湯稍微煮一下，再清理乾淨。

3 薊根放入加了蘇打的沸水中煮熟，然後切碎。

4 在棕熊背肉的絞肉中，加入煮熟切碎的薊根、山白竹粉、紅蔥頭、鹽和胡椒混合，然後填入心臟中。中心部分放入約80g鵝肝醬，整個用野豬網脂包裹起來（圖**1**）。

5 將紅酒、馬得拉酒、波特酒、干邑白蘭地、香味蔬菜B、野味高湯500cc混合煮沸。將**4**用繃帶捲包住，一面保持85度的火候，一面燉煮1小時半～2小時（圖**2**）。

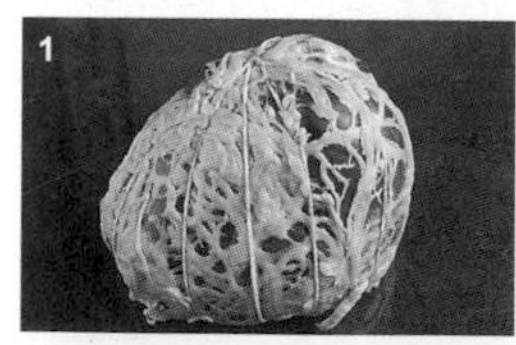

棕熊心臟用網脂包裹，再用棉線綑綁。

為避免變形，再用繃帶纏繞捲包，放入以紅酒為湯底的的煮汁中燉煮。

製作山藥煎餅

1 將磨碎的山藥、蛋黃、低筋麵粉、加鹽和胡椒，一起用果汁機攪打。

2 茄子去皮，用清燉肉湯煮軟，切成一口大小。

3 在薄塗橄欖油的平底鍋中倒入**1**，散放上**2**後，煎成薄餅狀。

製作蓮藕煎餅

1 在加入鹽和醋的熱水中煮熟蓮藕，磨碎。

2 加入蛋黃、全蛋、低筋麵粉、燙過的茼蒿、蒔蘿、鹽和胡椒，混合均勻。

3 在薄塗橄欖油的平底鍋中倒入**2**，煎成薄餅狀。

完成

1 將鑲入餡料的心臟切成2～3cm厚，用中空圈模修整形狀。

2 在棕熊心臟的煮汁中加入奶油混合，即完成醬汁。

3 將山藥煎餅盛入盤中，放上**1**，倒上醬汁。上面再放上蓮藕煎餅，在周圍放上煮熟切兩半的紅馬鈴薯，用橄欖油炸好的薊葉和薊根作為裝飾。

烤蘇格蘭產松雞胸肉佐配燉洋蔥石榴醬汁炸腿肉丸「巴黎咖啡奶油風味」

彩圖在第56頁

●**材料**（1人份）

松雞1/2隻／巴黎咖啡奶油10g／鹽、黑胡椒、低筋麵粉各適量／麵衣〔全蛋、沙拉油、水、鹽各適量〕／麵包粉適量／醃洋蔥〔洋蔥、無鹽奶油、鹽、紅葡萄酒醋各適量〕／沙拉油、無鹽奶油各適量／石榴醬汁〔松雞骨1/2隻份、沙拉油適量、大蒜切薄片3片、紅蔥頭切末1個份、干邑白蘭地少量、紅酒30cc、紅酒醬汁的醬底60cc、石榴1大匙、無鹽奶油4g、鹽・黑胡椒各適量〕／酪梨、白胡椒、橄欖油各適量／洋蔥1/2個

●**作法**

炸松雞腿肉丸

1 松雞從腿部的根部切開，用刀分別從其內側縱切，剔除裡面的骨頭。

2 露出的前端骨頭其第一關節部分不要切斷，將腿肉的皮面朝上翻，放入弄成圓形的巴黎咖啡奶油，包裹起來。

3 撒上鹽和胡椒，依序裹上低筋麵粉、充分混合的麵衣材料及麵包粉。

4 完成後，再依序裹上麵衣和麵包粉，放入冰箱冷藏備用。

製作燉洋蔥

1 洋蔥橫切成稍厚的圓片，奶油煎到變軟。

2 加鹽引出甜味，完成時均勻倒入紅葡萄酒醋稍微煮一下。

烤胸肉後剔除骨頭

1 在松雞身體上撒上鹽和黑胡椒，背部朝下放入已加熱沙拉油的平底鍋中。

2 等背部煎好後翻面，將胸部也煎成焦黃色。完成時一面加入少量奶油增加香味，一面煎成焦黃色。

3 將胸肉暫放在溫暖處7～8分鐘，切下胸肉後，再切下葉形胸肉。

4 取出內臟，將肝、心臟和雞胗分開。心臟切半去除污血。

製作石榴醬汁

1 松雞骨切成適當的大小，用沙拉油充分炒過。

2 加入大蒜、紅蔥頭充分炒軟，再依序加入干邑白蘭地、紅酒稍微熬煮。

3 加入紅酒醬汁的醬底約煮5～6分鐘，讓它更有味。

4 用圓錐網篩過濾後，加入石榴和少量紅酒，一面搖晃鍋子，一面加入奶油讓它融化，最後加鹽和胡椒調味。

完成

1 將一人份酪梨1/2個份切薄片，撒上鹽、白胡椒和橄欖油，用開放型烤箱將單面烤熱。

2 洋蔥橫切成厚圓片，放在鋪了烤焙紙的烤盤上，放入烤箱邊角稍微烤到上色且變乾。

3 將肉丸放入已加熱的油中炸成金黃色。

4 內臟要吃之前，再用沙拉油香煎，胸肉分切成4半。

5 在盤子正中央放入直徑8cm的中空圈模，依序放入燉洋蔥、酪梨和4塊胸肉，去除圈模後，淋上醬汁，在旁邊放上葉形胸肉和內臟，肉丸放在中央。再掛上乾燥的洋蔥圈，最後在葉形胸肉上撒上白胡椒。

＊巴黎咖啡奶油的作法是，將放在室溫中回軟的無鹽奶油切碎，加入洋蔥、刺山柑、荷蘭芹、紅蔥頭、大蒜、鯷魚、乾炒過切粗末的核桃和杏仁，以及全蛋混合，再加鹽、白胡椒、辣椒粉、咖哩粉、白砂糖調味。然後再加入乾炒過切末的開心果、核桃、杏仁、松子和榛果，再加入用焦奶油液炒香切末的鴻禧菇、香菇和杏鮑菇，加鹽和胡椒後充分混拌均勻。

紅酒醬汁的醬底

●**材料**（完成是300cc）

紅蔥頭切薄片5～6個／無鹽奶油適量／露比波特酒200cc／紅酒750cc3瓶／小牛肉高湯1500cc

●**作法**

1 紅蔥頭用奶油炒到變軟。

2 等紅蔥頭炒出甜味時加入波特酒和紅酒，用大火煮沸讓酒精揮發。

3 一直煮到水分快要收乾前，加入小牛肉高湯繼續熬煮。

4 等濃度變稠時，用細孔圓錐網篩過濾。

包入栗子以萵苣包裹的酒煮野兔苦味巧克力和覆盆子風味

彩圖在第57頁

●**材料**（20人份）

野兔3隻／鹽適量／紅酒（卡本內蘇維濃種〔Cabernet Sauvignon〕、梅洛種（Merlot）葡萄釀製）750cc瓶裝各2瓶／沙拉油適量／大蒜6瓣／洋蔥4個／香料束〔百里香、迷迭香、月桂葉、荷蘭芹莖、黑胡椒粒（碾碎）、杜松子（碾碎）各適量〕／第二道小牛肉高湯800cc／蜜煮栗子〔日產栗子、沙拉油、31～32波美度（baune）的糖漿、水各適量〕／紅酒〔卡奧爾（Cahors）〕1L／油糊（roux）適量／自製培根切條150g／野兔血混合奶油（beurre composée）6g／無鹽奶油5g／紅酒、干邑白蘭地各少量／黑胡椒適量／萵苣、豬

味後，用此醬汁調拌**2**。

4 加熱橄欖油，拌炒切末的紅蔥頭和大蒜，再加入切小塊的雞油菌和羊腳菇。加鹽和胡椒調味，煮至水分收乾後，再加入鮮奶油混勻。

5 款冬用鹽搓揉後用水燙熟，以核桃油醋醬汁調拌。胡蘿蔔、黃色蘿蔔、辣味白蘿蔔約切成4×8cm的薄片，小蕪菁薄切後，一起用鹽水煮熟，四季豆、包心菜的嫩葉也用鹽汆燙一下。櫻桃蘿蔔和柿子是生切薄片。

6 在薄酥皮上塗上清澄奶油液後重疊七層，裁成約4×8cm大小，同樣的共準備2個，放入180度烤箱中烘烤4～5分鐘。

以棕熊油脂油封烹調，讓肉質柔軟富彈性。

分切烤好的小水鴨

1 小水鴨撒上鹽和白胡椒，用橄欖油將表面煎成焦黃色。

2 放入210度的烤箱中約烤6～7分鐘，取出約放置10分鐘。

3 連皮切下肉，胸肉切薄成一口大小。在帶骨腿肉上放上醃生薑，用開放型烤箱稍微烤一下。

製作兩種凍，倒入容器中

1 御山龍膽根汁和清燉肉湯混合後加熱，加入泡水回軟的吉利丁片煮融。等稍微變涼後，和切碎的御山龍膽根一起倒入容器中，再放入冰箱冷藏凝結。

2 將清燉肉湯和松露凍的材料混合後，同樣地製作凍，再倒到**1**上。野生水田芹插入凍中作為裝飾，再放入冰箱冷藏凝結。

將材料重疊成千層派狀即完成

1 在果凍上，依序重疊上松露薄片、薄酥皮、胡蘿蔔、小蕪菁、四季豆、櫻桃蘿蔔、黃色蘿蔔、辣味白蘿蔔、紅鮭魚、野生水田芥、款冬、包心菜、柿子、菇類醬料、小水鴨帶皮的肉和薄酥皮。

2 棕熊里脊肉用刀切碎，用鹽、胡椒和核桃油醋醬汁調味。和切成1～2mm小丁的蘋果混合後，揉成團狀，放在最上面，其間夾入蘋果薄片。

3 在容器的右邊，放上以清燉肉湯煮好的下仁田蔥，油封烹調的小水鴨肝臟和心臟，再放上以180度米糠油炸過的菊薯。

4 左側放上切成細長條的黃蘿蔔，再放上紅醋栗增加色彩。

＊ 醃生薑的作法是，將加熱成焦糖狀的蜂蜜，加入紅葡萄酒醋稀釋，再加入熱水燙過的生薑絲熬煮而成。

以雪中頸椎法獵捕的大雪山4歲母鹿背肉 用野款冬和紫杉包裹烘烤 佐配丹澤野生水田芥醬汁

彩圖在第51頁

●材料（3～4人份）

蝦夷鹿帶骨背肉3～4根份／鹽、白胡椒各適量／款冬葉、紫杉葉各適量／水田芥醬汁〔野生水田芥30g、款冬莖適量、野味高湯100cc、鹽・白胡椒各適量〕／油醋醬汁、甜菜、水田芥各適量

●作法

烤鹿背肉

1 將3～4根份帶骨背肉撒上鹽和胡椒，從肥肉面開始煎起。在已加熱的平底鍋中，肥肉面朝下用力下壓，讓滲出的油脂將整個肉塊煎成焦黃色。

2 取出肉用款冬葉包起來（**圖1**）。

3 用紫杉葉將2蓋住，放入220度的烤箱中約烤12～15分鐘，讓肉添加香味（**圖2**）。

4 拿掉款冬和紫杉葉，肥肉面朝上用開放型烤箱烤香。

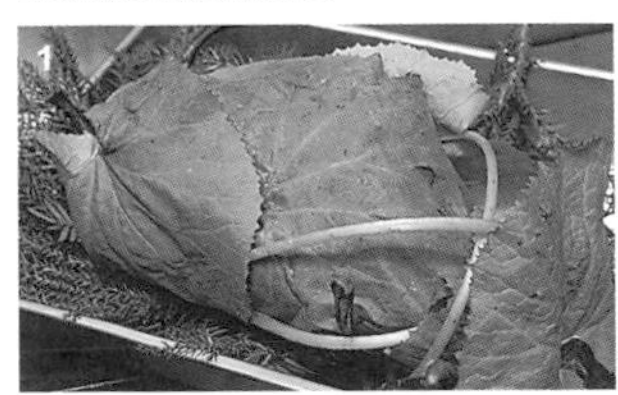
用丹澤產柔軟的款冬葉包裹鹿背肉。

葉片烤成焦棕色後，香味也已滲入肉中。

製作醬汁，盛盤

1 用鹽水汆燙過水田芥，放入冰水冰鎮後，用果汁機攪打成泥。用鹽搓揉過的款冬莖用水燙熟切碎。

2 在鍋裡加熱野味高湯，放入**1**，加鹽和胡椒調味，醬汁即完成。

3 分切肉塊淋上醬汁，放上用油醋醬汁調拌的甜菜絲、水田芥、款冬葉和紫杉葉等作為裝飾。

旭川宮下先生 在當麻捕獵的6歲公棕熊的烤背肉 五味子風味醬料 佐配笠取峠的野生菇

彩圖在第52頁

●材料（2人份）

棕熊骨4kg／棕熊筋1kg／醃漬液〔紅酒4L、紅葡萄酒醋500cc、橄欖油100cc、紅蔥頭切末400g、胡蘿蔔切大塊350g、洋蔥切大塊500g、芹菜切大塊100g、大蒜（連皮切半）1瓣、香料束1把、杜松子・丁香各少量〕／橄欖油適量／洋槐花蜂蜜3大匙／紅葡萄酒醋200cc／馬得拉酒250cc／野味高湯（作法請參照見右下文的「棕熊心臟鑲鵝肝醬　薊根和山白竹香味」）5L／棕熊的帶骨背肉2根份／醬料〔洋槐花蜂蜜3大匙、雪莉酒醋1大匙、五味子利口酒2大匙、紅蔥頭切末30g、大蒜切末1/2片份、銀白離褶傘（Lyophyllum connatum）・騎士菇（Tricholoma flavovirens）・玉蕈離褶傘（Lyophyllum Shimeji）・褐環乳牛肝菌（Suillus luteus）・金褐傘（Phaeolepiota aurea）等野菇切小截100g〕／利口酒醃五味子適量／五味子利口酒50cc／鹽、白胡椒、白菜各適量

●作法

製作熊蔬菜高湯

1 棕熊骨和筋膜放在醃漬液中醃漬一晚。

2 在烤盤上攤放已瀝除水分的骨頭和筋膜，放入200度的烤箱烘烤上色。將用於醃漬液中的香味蔬菜瀝除水分，用橄欖油拌炒。

3 在另一個鍋裡煮沸醃漬液，撈除浮沫雜質後，用布過濾。

4 在小鍋中加熱洋槐花蜂蜜，煮成焦糖狀，加入紅葡萄酒醋稀釋，再加馬得拉酒。將小鍋的材料全倒入**3**的醃漬液中，一起熬煮。

5 在**4**中加入**2**和野味高湯，用中火約煮2個小時後，過濾（**圖1**）。

完成的熊蔬菜高湯。由於非常濃稠，冷卻後會凝結成肉凍狀。

烤熊肉

1 棕熊的帶骨背肉用平底鍋油煎。因為它富含油脂，所以平底鍋中不必再加油。將肥肉面朝下以中火慢慢地煎，一面用油澆淋，一面將肉的表面煎到變硬。用湯匙挖掉多餘的油脂，保留作為醃漬用。

2 放入220度的烤箱中烘烤15～20分鐘。

在肉上塗上特製的醬料

1 洋槐花蜂蜜加熱成焦糖狀，加雪莉酒醋稀釋。再加入五味子利口酒，熬煮到約剩1/3的量。

2 在另一個鍋裡加熱橄欖油，放入紅蔥頭、大蒜和菇類稍微拌炒。

3 將**1**、**2**和五味子果實混合成的醬料，塗在背肉上（**圖2**）。

4 放入開放型烤箱中烘烤，將表面充分烤成焦黃色。

在肥肉上放上大量的醬料，讓味道和香味滲入其中。

完成

1 在小鍋裡熬煮的五味子利口酒中，加入熊蔬菜高湯繼續熬煮，再加鹽和胡椒調味。

2 將肉分切成好食用的大小，撒一些鹽。

3 在盤中鋪入用沸水汆燙的白菜，再放上肉和**1**的醬汁。

棕熊心鑲鵝肝醬 薊根和山白竹香味 佐配山藥和茼蒿風味的蓮藕煎餅

彩圖在第54頁

●材料（8人份）

棕熊心1個份／醬汁用〔岩鹽適量、洋蔥・胡蘿蔔・芹菜・大蒜切末各少量、百里香適量〕／野味高湯〔蝦夷鹿、野豬骨、野豬筋膜、野生鴨和鴿骨等4kg、紅酒4L、香味蔬菜A（紅蔥頭切末400g、胡蘿蔔切大塊350g、洋蔥切大塊500g、芹菜切大塊100g、連皮切半的大蒜1球、香料束1把）、杜松子・丁香各少量、橄欖油少量、小牛肉高湯3L〕／日本山白竹葉（Sasa veitchii）適量／鵝肝醬〔新鮮鵝肝300g、露比波特酒30cc、砂糖少量、鹽・白胡椒各少量〕／

一面嚐味道，一面調整豬血的分量，讓醬汁呈現如巧克力糊一般，最適當的濃度和鮮度即完成。

3 根芹菜、芹菜、馬鈴薯放入鹽水中煮。煮軟後取出，放入食物調理機中攪打，再以過濾器過濾。加入鮮奶油、奶油、鹽和胡椒調味，製成芹菜泥。
4 蘑菇和培根用沙拉油炒香後取出，用相同的平底鍋炒小洋蔥。
5 將五花肉盛入盤中，淋上醬汁。4的蔬菜疊放在一旁，再放上蘑菇和培根，旁邊附上3即可上桌。

神奈川的桑原先生在早川捕獲的棕耳鶇橘子風味凍佐配包心菜和鵝肝慕斯香料風味

彩圖在第47頁

●材料（1人份）
棕耳鶇1隻／鹽、白胡椒、橄欖油各適量／橘子和清湯凍〔清燉肉湯100cc、橘子汁100cc、雪莉酒30cc、吉利丁片1片〕／橘子凍〔橘子汁100cc、保樂茴香酒（Pernod）20cc、吉利丁片1片〕／無鹽奶油適量／連皮早川產橘子1/2個／保樂茴香酒、綜合香料各適量／鵝肝醬（請參照第105頁「棕熊心鑲鵝肝醬　蓟根和山白竹香味」）50g、鮮奶油35g、馬得拉酒・露比波特酒・鹽・白胡椒各適量〕／包心菜切碎、洋蔥醋（市售品）、洋蔥切末、細香蔥各適量

●作法
烤棕耳鶇
1 棕耳鶇去毛，頭部羽毛用瓦斯槍燒烤乾淨，除了肝臟、心臟和胗之外，去除其他的內臟。
2 用棉線綁好後，撒上鹽和胡椒，放入已加熱橄欖油的平底鍋中煎成焦黃色。

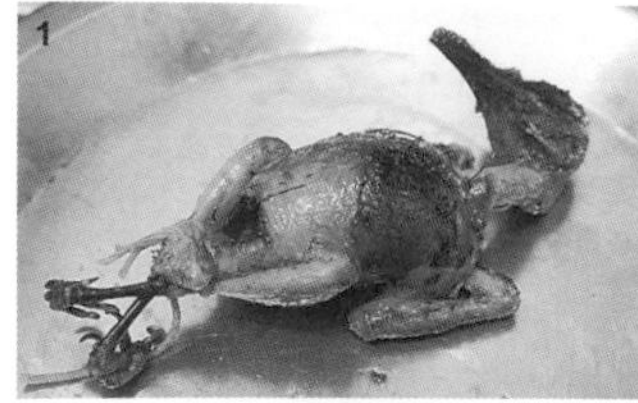
烤過後暫放一下，讓肉汁變安定。

3 然後放入210度的烤箱中，烘烤3～4分鐘（**圖1**）。

準備其他材料
1 鍋裡倒入清燉肉湯、橘子汁和雪莉酒，加入泡水回軟的吉利丁片，稍微加熱，等吉利丁融化後冷藏，製成肉湯凍。
2 鍋裡倒入橘子汁和保樂茴香酒，加入泡水回軟的吉利丁片，和1同樣的製作橘子凍。
3 在平底鍋中加熱奶油和橄欖油，放入連皮橫切一半的早川產橘子，再放入烤箱烘烤，再撒上保樂茴香酒、綜合香料增加香味。
4 在鵝肝醬中，慢慢加入打至六～七分發泡的鮮奶油混合，製成慕斯，再加馬得拉酒、波特酒、鹽和胡椒調味。

組合
1 用奶油稍微炒過的包心菜，加洋蔥醋、洋蔥末一起拌勻，鋪在盤中。
2 重疊上烤橘子和鵝肝醬慕斯。
3 放上切成好食用大小的棕耳鶇的肉，頭部也要放上。
4 將兩種凍盛入盤中，再撒上切成小截的細香蔥。

東廣島仲伏先生在紅谷獵捕的4歲公野豬頰肉舌和聲帶軟骨紅燒四照花和乾柿風味香煎腎臟和睪丸沙拉

彩圖在第49頁

●材料（2人份）
頰肉、舌、聲帶軟骨紅燒
野豬頰肉、舌、聲帶軟骨1頭份／醃漬液〔紅葡萄酒500cc、洋蔥切大塊1/2個份、胡蘿蔔切大塊1/3根份、芹菜切大塊1/4根份、連皮大蒜1/2瓣、香料束1把〕／橄欖油適量／馬得拉酒200cc／野味高湯500cc／四照花（Benthamidia Kousa）利口酒150cc／乾柿切碎適量／鹽、白胡椒各適量／下仁田蔥1/3根／清燉肉湯適量／柿粉少量
香煎腎臟
南瓜與地瓜為2:1的比例適量／柚子、鮮奶油、鹽、白胡椒各少量／白蘿蔔（切成大塊的短片）1片／清燉肉湯適量／土耳其麵（Kadaif）適量／米糠油適量／野豬腎臟橫切成約5mm厚圓片2個／橄欖油適量／調味汁〔紅葡萄酒醋為主材料的香醋醬汁、紅蔥頭切末、柿子籽切末各適量〕
睪丸沙拉
野豬睪丸1/2頭份／紫葉菊苣（trevise）、紅葉萵苣、京水菜各適量／大蒜切末、紅蔥頭切末各1小匙／橄欖油少量／調味汁〔芥末醬15g。鹽10g、白胡椒2g、雪莉酒醋40cc、巴薩米克醋30cc、核桃油300cc、油菜籽油150cc、熱水50cc〕／細香蔥少量

●作法
紅燒頰肉、舌、聲帶軟骨
1 野豬的頰肉、舌、聲帶軟骨放入醃漬液中醃漬一晚。
2 肉用圓錐網篩過濾後，在已加熱橄欖油的平底鍋中放入肉和香味蔬菜一起拌炒至上色。
3 將用過的醃漬液的紅酒倒入鍋中，再加入2、馬得拉酒、野味高湯、四照花利口酒和切碎的乾柿，一起燉煮（**圖1**）。
4 取出肉。煮汁加鹽和胡椒調味，熬煮變稠醬汁即完成。
5 下仁田蔥先烤過，再用清燉肉湯燉煮。
6 將4的肉盛入盤中，再淋上醬汁，佐配上5。完成後，盤子上撒上柿粉以增加色彩。

燉煮到頰肉、舌、聲帶軟骨變軟，一面撈除表面的浮沫雜質，一面用小火燉煮。

香煎腎臟
1 南瓜用對流式用烤箱烤過，地瓜用鋁箔紙包好放入烤箱烘烤，分別去皮後用網篩過濾。加入切碎的柚子、鮮奶油、鹽和胡椒調味。
2 白蘿蔔烤過後，用清燉肉湯煮軟。
3 土耳其麵用180度米糠油炸過。
4 腎臟稍微撒點鹽，用已加熱的橄欖油煎炒，再切成約5mm厚。
5 香醋醬汁中加入切末的紅蔥頭和柿子。
6 在土耳其麵的上面，放上1、2和4，再撒上5。

製作睪丸沙拉
1 新鮮睪丸冷凍後，去除薄皮，切成約5mm厚。
2 紫葉菊苣、紅葉萵苣、京水菜放在冷水中浸泡一下，取出瀝除水分。
3 大蒜、紅蔥頭用橄欖油稍微拌炒一下，加入適量調味汁混合，再放入蔬菜中調拌均勻。
4 在3的上面放上睪丸，撒上切小截的細香蔥。

＊柿粉是將柿皮用烤箱烤乾後，用果汁機攪打成粉末。

雞粑棕熊、煎小水鴨、燻紅鮭魚、根蔬菜、黑松露、御山龍膽根凍透視大自然

彩圖在第50頁

●材料（6人份）
小水鴨1隻／棕熊油脂（請參照105頁的「旭川宮下先生在當麻捕獵的6歲公棕熊的烤背肉」）適量／燻製紅鮭魚〔紅鮭魚3尾、岩鹽・茴香葉・野水芹・櫻木碎柴各適量〕／紅鮭魚用醬汁〔野水芹・野生水田芥・橄欖油・鹽・白胡椒各適量〕／菇類醬料〔橄欖油適量、紅蔥頭30g、大蒜1瓣、雞油菌（Cantharellus cibarius Fr.）100g、羊腳菇（pied de mouton）100g、鹽・白胡椒各適量、鮮奶油200cc〕／款冬（莖，Petasites japonicus）、核桃油醋醬汁、胡蘿蔔、黃色蘿蔔、辣味白蘿蔔、小蕪菁、四季豆、包心菜、櫻桃蘿蔔、柿子、薄酥皮（pate filo）、清澄奶油液各適量／醃生薑少量／御山龍膽根凍〔御山龍膽根汁100cc、清燉肉湯200cc、吉利丁片2.5片、御山龍膽根（果汁醃過的）20g、水田芥適量〕／松露清湯凍〔清燉肉湯300cc、松露30g、松露油適量、吉利丁片2片〕／野生水田芥、松露薄片、棕熊里脊肉、蘋果、清燉肉湯、下仁田蔥、米糠油、菊薯（Smallanthus sonchifolius）、黃色蘿蔔（裝飾用）、紅醋栗、鹽、白胡椒、橄欖油各適量

●作法
事前準備
1 小水鴨去毛，去除內臟。肝臟和心臟放入已加熱至80度的棕熊油脂中，浸泡20～30分鐘進行油封烹調（**圖1**）。
2 紅鮭魚用岩鹽、茴香、野水芹約醃漬40分鐘，再用櫻樹碎柴約溫燻45分鐘。皮面放入平底鍋中煎過，等冷卻後，將肉切成2等份。
3 將煮熟以果汁機攪成泥的野水芹、水田芥，和橄欖油一起以等比例分量混合，加鹽和白胡椒調

椒、肉豆蔻和切末的荷蘭芹混勻。

3 在工作台上撒上防沾粉，將義大利餃麵團擀開，加入剁碎的義大利荷蘭芹，再用製麵機碾壓，一面將刻度慢慢調小，一面把麵團壓成薄麵皮。

4 在切成約10cm大小正方的麵皮上，放上揉成小球的**2**，再塗上蛋黃液（**圖1**）。

5 上面蓋上相同大小的麵皮，修整形狀後，用中空圈模割下（**圖2**）。

6 在煮開的沸水中放入**5**，約煮3～4分半鐘。

7 將奶油和雞高湯混合，讓它乳化成奶油高湯，放入義大利餃浸泡。

8 在盤中，如同畫外圓般倒入鮮奶油醬汁，內側再倒入豬血醬汁，最後放上義大利餃。

用毛刷在義大利餃麵皮上，塗上打散的蛋黃液。

一面擠出空氣，一面用手輕輕按壓成形，再用直徑7cm的模型割取。

焦糖野豬五花肉佐配根菜類

彩圖在第43頁

●**材料**（1人份）

焦糖醬汁〔白砂糖40g、水少量、白葡萄酒酒醋80cc、檸檬橫切圓片2片、月桂葉1片、白胡椒粒20粒、生薑1片、八角1個、丁香2根、大蒜2瓣、紅辣椒1根、雞高湯200cc、小牛肉高湯200cc〕／野豬帶骨五花肉1根份／鹽、白胡椒、沙拉油各適量／配菜〔包心菜芽、鹽、胡蘿蔔、白蘿蔔、芋頭、牛蒡、蓮藕、下仁田蔥、香菇、茭白筍、日本帶莖小洋蔥（onion blanche）、雞高湯・清燉牛高湯、橄欖油、白胡椒各適量〕／粗粒白胡椒適量

●**作法**

製作焦糖醬汁

1 在鍋裡放入白砂糖和水加熱，煮成焦糖狀。

2 加入白酒醋混合，加入剩餘所有的材料後，煮到約剩一半的量。

在烤肉上沾裹上醬汁

1 在野豬五花肉上撒上鹽和胡椒，在已加熱沙拉油的平底鍋中，肥肉那面朝下放入肉塊油煎。等肉的表面全煎成漂亮的焦黃色時，放入烤箱烘烤成玫瑰色。

2 在**1**上裹上焦糖醬汁（**圖1**）。

3 將肉放在溫暖的地方一會兒後，用開放型烤箱將肉的表面稍微烤一下。

製作配菜即完成

1 包心菜芽用鹽水汆燙。其他的蔬菜切成一口大小，胡蘿蔔、白蘿蔔用雞高湯煮熟，芋頭和牛蒡用雞高湯和清燉牛高湯煮熟，使其入味。

2 將**1**水分瀝乾，用橄欖油拌炒。其他的蔬菜在生的時候加鹽和胡椒調味，再用橄欖油拌炒。

3 五花肉分切後，撒上鹽和粗磨的胡椒粉，和蔬菜等配菜一起盛盤。

在已加熱焦糖醬汁的平底鍋中放入五花肉，讓肉充分裹上焦糖，直到快要燒焦為止，以增加甜味和香味。

斑尾林鴿龍蝦慕斯派 蔬菜捲、腿肉、內臟串燒

彩圖在第44頁

●**材料**（1人份）

野鴿（斑尾林鴿）1隻／鹽、白胡椒各適量／龍蝦慕斯〔龍蝦、小斑節蝦、干貝共250g、全蛋1個、鹽少量、鮮奶油250g〕／野鴿和龍蝦高湯醬汁〔野鴿骨2隻份、沙拉油適量、香味蔬菜（剁碎洋蔥・胡蘿蔔・芹菜各少量、連皮大蒜1瓣）、小牛肉高湯360cc、甲殼類海鮮高湯適量、番茄切大塊1/4個份、鹽漬豬五花肉50g、白胡椒粒少量、香料束1把、龍蝦殼1尾份、鮮奶油、鵝肝奶油各少量、鹽・白胡椒各適量〕／佩里格醬汁（perigueux sauce）〔馬得拉酒500cc、小牛肉高湯1L、松露高湯・松露・松露油・鹽・白胡椒各適量〕／配菜〔胡蘿蔔・白菜・鹽漬豬五花肉・野味清湯的湯底（請參照第109頁的「包針尾鴨肉餡的炸麵包」）各適量〕／無鹽奶油、沙拉油、給宏德的粗鹽、黑胡椒粒各適量

●**作法**

處理野鴿

1 以處理鴨相同的要領處理野鴿，取出鴿胗、肝臟、心臟後清理乾淨。

2 在胸肉和腿肉上撒上鹽和胡椒。

製作龍蝦慕斯

1 將龍蝦和小斑節蝦的蝦肉和干貝，一起放入食物調理機中攪打，加入蛋和鹽後再攪勻。

2 以最細孔的網篩過濾，過濾到鋼盆後，盆下一面以冰塊加以冷卻，一面一點一點慢慢加入鮮奶油混勻。

3 將**2**擠入中空圈模中，約蒸3分半鐘。

製作兩種醬汁

1 製作野鴿和龍蝦高湯的醬汁。首先，野鴿骨用烤箱稍微烘烤上色。

2 在鍋裡加熱沙拉油後，拌炒香味蔬菜，再加入**1**、小牛肉高湯、甲殼類海鮮高湯、番茄、鹽漬豬五花肉、胡椒粒和香料熬煮，撈除表面浮沫雜質。

3 加入清理過的龍蝦殼，熬煮約1個小時。調味後用布過濾，再開火加熱，並撈除表面的浮沫雜質。

4 加入鮮奶油，最後加入鵝肝奶油讓它乳化，加鹽和胡椒調味後，即完成細滑的醬汁。

5 製作佩里格醬汁。在鍋裡將馬得拉酒煮開，經過酒燒將酒精揮發後，加入小牛肉高湯熬煮到剩一半的量。

6 加入松露高湯、松露末和松露油，加鹽和胡椒調味，佩里格醬汁即完成。

製作配菜

1 將煮熟切成棒狀的胡蘿蔔，用白菜前端葉片、鹽漬豬五花肉捲包，再以牙籤固定。

2 將**1**用野味清湯的湯底（尚未清澄前的煮汁）燉煮入味。完成後煮汁倒入其他小鍋中，加入奶油增加風味，再放入蔬菜捲沾裹上奶油高湯。

3 用鐵籤串上野鴿胗、肝臟和心臟，放入已加熱沙拉油的平底鍋中香煎。鴿腿撒鹽和胡椒，放在烤板上烤到恰到好處，再配上蔬菜捲。

完成

1 在平底鍋中，以小火加熱沙拉油和奶油，野鴿胸肉上淋上少量沙拉油，以低溫香煎。葉形胸肉只煎單面。

2 將**1**分切成好食用的大小，撒上粗磨黑胡椒粒和給宏德的粗鹽調味。

3 將龍蝦慕斯盛入盤中，重疊上**2**，上面再淋上兩種醬汁。

＊甲殼類海鮮高湯是在鍋裡放入甲殼類和大量的水，煮開後撈除浮沫雜質，再加入香味蔬菜和生番茄，燉煮約1小時，加鹽調味過濾後即完成。

●**材料**（8人份）

鹿五花肉700～800g圓條狀2條／鹽、白胡椒、沙拉油各適量／香味蔬菜（洋蔥1個、胡蘿蔔1條、芹菜1根、連皮大蒜1/2球）／番茄糊隆起的1大匙／紅酒2.25L／小牛肉高湯3L／香料束1把／黑胡椒粒、豬血各適量／芹菜泥〔根芹菜1/2個、芹菜3根、五月后馬鈴薯適量（根芹菜和芹菜總合分量的2成）、鮮奶油・無鹽奶油・鹽・白胡椒各適量〕／蘑菇2個／厚培根切條狀適量／日本帶莖小洋蔥1根

●**作法**

燉煮鹿五花肉

1 五花肉撒上鹽和胡椒，放入已加熱沙拉油的平底鍋中，將表面煎得稍硬。

2 切丁的香味蔬菜用沙拉油炒軟，加入番茄糊繼續拌炒，然後加入**1**中。

3 加入紅酒用小火熬煮約15分鐘，讓肉裡含有酒香。

4 加入小牛肉高湯、香料束和胡椒粒，然後撈除表面的浮沫雜質。

5 在**4**的鍋上加蓋，放入180度的烤箱中約烤2個小時。

完成

1 取出肉，加鹽和胡椒，讓它暫放一下。

2 煮汁繼續熬煮，用布過濾後，加入豬血，再加鹽和胡椒調味，醬汁即完成（**圖1**）。

3 在工作台上撒上防沾粉，將麵團敲打多次後，用手揉捏。

製作炸麵包的餡料，包入麵團中

1 將針尾鴨的連皮胸肉和腿肉，用絞肉機攪碎。

2 在已加熱沙拉油和奶油的鍋子中，放入**1**拌炒，加鹽和胡椒調味後，移入鋼盆中。

3 將盆中的油倒回鍋裡，炒香洋蔥。再陸續加入香菇、蘑菇和切成5mm小丁的豬腳一起拌炒。

4 在**3**中倒入**2**的絞肉，加入番茄起司、小牛肉高湯一起熬煮，再加鹽和胡椒調味。

5 加入松露薄片、松露油和荷蘭芹混勻，冷卻後揉成圓形（**圖2**）。

6 在擀成厚度適中的麵包麵團中包入**5**。外面塗上打散的蛋汁後沾上麵包粉，約放置40～50分鐘讓它鬆弛（**圖3**）。

在桶鍋中燉煮的野味清湯湯底。

炸麵包餡料每份都揉成圓形，用保鮮膜包裹。

麵包包入餡料後，沾上麵包粉放置一會兒，讓麵包麵團進行第二次發酵。

完成配菜和炸麵包

1 茄子連皮用沙拉油炸過，去皮撒鹽調味，再隨意切成塊。

2 在已加熱奶油和沙拉油的鍋中，放入洋蔥炒出甜味，再加入**1**、雞高湯和香料束，熬煮到水分收乾。

3 除去香料束，將材料放入果汁機中攪打，過濾後開火加熱，加入吉利丁片混勻，熄火待涼。

4 再加入攪打至七分發泡的鮮奶油混合，加鹽和紅辣椒粉調味，茄子慕斯即完成。

5 在玻璃容器中擠入**4**，再疊放上剁碎的松露和野味清湯凍。

6 將足量的沙拉油加熱，放入麵包用小火炸約6～7分鐘，讓麵包熟透。趁著炸麵包尚熱盛入盤中，再佐配**5**一起上桌。

烤針尾鴨 搭配血醬汁 佐自製的鴨生火腿沙拉

彩圖在第41頁

●**材料**（1人份）

針尾鴨1/2隻／鹽適量／白胡椒粒5～6粒／大蒜1/4片／百里香1根／月桂葉1/2片／荷蘭芹莖1根／針尾鴨蔬菜高湯〔針尾鴨骨5隻份、沙拉油適量、香味蔬菜（洋蔥1/2個、胡蘿蔔1/2條、芹菜1根、連皮大蒜1/2球）、番茄糊隆起的1大匙、紅酒1.5L、小牛肉高湯2L、香料束1把、鹽少量〕／蜜漬水果（4人份）〔蜜漬鳳梨（水1L、白砂糖300g、切成一口大小的鳳梨1/8個、奶油白醬（beurre blanc）・香草・月桂葉各適量）、紅玉蘋果1/3個、西洋梨1/3個、清澄奶油液・白砂糖・碾碎的黑胡椒粒各適量〕／豬血1～2大匙／白胡椒適量／沙拉〔黃番茄、綠番茄、小番茄、血橙・甜菜、油醋醬汁（Vinaigrette sauce）、生的鴨肉火腿（請參照第108頁的「針尾鴨和內臟的塔」）、蜜煮柳橙皮乾、菊苣、山蘿蔔、細香蔥各適量〕

●**作法**

處理針尾鴨

1 切掉針尾鴨前面那一截翅膀，切除頭部後，嗉囊也剔除。鴨毛用火燒烤清除。

2 刀從尾部切開，取出鴨胗、肝臟和心臟。

3 將1小撮鹽、白胡椒粒、大蒜、百里香、月桂葉和荷蘭芹莖塞入鴨腹中，雙腳用棉線綁住。

製作針尾鴨蔬菜高湯

1 針尾鴨骨切成適當的大小，攤放在烤盤上，放入220度的烤箱中烘烤成漂亮的焦黃色。

2 在鍋裡加熱沙拉油，放入切成一口大小的香味蔬菜炒軟，再加入番茄醬和**1**。

3 倒入能蓋過材料的紅酒，用大火煮沸讓食材燃燒，進行酒燒烹調。

4 湯汁煮到約剩1/5量時，加入剛好能蓋過食材的小牛肉高湯再煮沸。撈除表面的浮沫雜質後，加入香料束和鹽，繼續燉煮約1個半小時。

5 等味道充分釋出後，用布過濾出高湯。

製作蜜漬水果

1 用煮沸的水和白砂糖製作糖漿，放入所有蜜漬鳳梨的材料，煮到變軟為止。

2 在以小火加熱的清澄奶油液中，放入切丁的紅玉蘋果和西洋梨調拌均勻。

3 在**2**中撒入白砂糖，放入烤箱烘烤。等稍微上色後，加入蜜漬鳳梨和糖漿4大匙，繼續加熱，讓水分揮發。

4 完成後加入黑胡椒粒混勻。

烤針尾鴨

1 在處理好的針尾鴨上，塗上鹽和胡椒，放入已加熱沙拉油的平底鍋中，將表面煎一下。

2 再放入約200度的烤箱烘烤，過程中，一面在鴨肉上淋上盤中積存的油和奶油，一面烘烤。烤到肉色呈漂亮的玫瑰色即完成，用鋁箔紙包好後暫放（**圖1**）。

完成

1 將暫放後的針尾鴨的胸肉連皮切下，稍微撒點鹽。

2 在小鍋裡放入約50cc的針尾鴨蔬菜高湯加熱後，再次撈除表面的浮沫。一面檢視味道和濃度，一面煮到快沸騰時，加入豬血（**圖2**）。

3 加鹽和胡椒調味，醬汁即完成，將醬汁倒入盤中，盛入胸肉，再放上蜜漬水果。

4 在沙拉用盤中，放入已撒少許鹽的黃番茄、綠番茄、小番茄和去薄皮的血橙，以及用水煮過後切薄片，用油醋醬汁調拌均勻的甜菜。再放入薄切成一口大小的生的鴨肉火腿、蜜煮柳橙皮乾、菊苣和香草，讓整盤呈現繽紛的色彩。

從鴨腿部分開始淋上油，以中火烤成金黃色。

為了不讓豬血凝結，一面調整火候，一面一點一點慢慢加入豬血混勻。

野豬義大利餃 佐配鮮奶油和豬血雙色醬汁

彩圖在第42頁

●**材料**

義大利餃麵團〔高筋麵粉250g、全蛋2個、蛋黃2個份、鹽5g、橄欖油10g〕／豬血醬汁〔香味蔬菜（洋蔥1個、胡蘿蔔2/3條、芹菜2根、連皮大蒜1球）、沙拉油適量、番茄糊30g、野豬骨3kg、紅葡萄酒750cc、小牛肉高湯適量、A（黑胡椒粒1小撮、百里香1根、月桂葉1片、荷蘭芹莖3根）、豬血・鹽・白胡椒各適量〕／鮮奶油醬汁〔香味蔬菜（洋蔥1個、胡蘿蔔2/3條、芹菜2根、連皮大蒜1球）、沙拉油、番茄糊30g、野豬骨3kg、番茄（切半）3個、小牛肉高湯適量、B（白胡椒粒1小撮、百里香1根、月桂葉1片、荷蘭芹莖3根）、鮮奶油適量〕／野豬肩肉、五花肉共200g／全蛋2個／生麵包粉1g／鹽、白胡椒、肉豆蔻、荷蘭芹各適量／高筋麵粉（防沾粉用）少量／義大利荷蘭芹適量／蛋黃少量／奶油高湯〔無鹽奶油、雞高湯各適量〕

●**作法**

事前準備

1 義大利餃麵團材料全部混合後，用手揉成麵團，放置一晚。

2 製作豬血醬汁。香味蔬菜切成一口大小，用沙拉油炒軟，加入番茄糊。再加入用220度烤箱充分烤成焦黃色的野豬骨和紅葡萄酒，一起煮開。

3 然後以酒燒烹調法讓酒精揮發，再加入能蓋過小牛肉高湯的材料，煮開後撈除表面的浮沫。再加入A約燉煮2小時，用布過濾後，這就是高湯的湯底。

4 將40～50cc的**3**倒入另一個鍋中，加入豬血調整鮮度和濃度，加鹽和胡椒調味，豬血醬汁即完成。

5 製作鮮奶油醬汁。和製作豬血醬汁的要領相同，但不加紅酒，撈除表面的浮沫後，加入番茄燉煮過濾後，高湯的湯底即完成。將100cc的湯底倒入另一個鍋裡，加入鮮奶油熬煮即成。

製作餡料，完成義大利餃

1 用絞肉機將野豬肩肉和五花肉，絞成中等碎的絞肉。

2 加入全蛋、生麵包粉、鹽、白胡

薄切成1cm厚的綠雉胸肉。放上下仁田蔥和小綠菜後，再倒入醬汁。

加入鵝肝醬和肝臟泥、松露、雞胗和心臟，以增加醬汁的濃度。

加入鵝肝醬和肝臟泥，讓它均勻地融入其中。

綠雉蔬菜高湯

●**材料**（完成是200cc）

綠雉骨1隻份、洋蔥適量／洋蔥半量的胡蘿蔔／胡蘿蔔半量的芹菜／沙拉油適量／整瓶白酒50cc／水適量／香料束〔荷蘭芹莖、百里香、月桂葉、粗粒黑胡椒各適量〕／鹽適量

●**作法**

1 綠雉骨切成適當的大小，和切大塊的蔬菜類一起，用已加熱的沙拉油炒香。

2 加入白酒和大約能蓋過整體的水，以大火煮開一下。

3 撈除浮沫雜質，加入香料束和鹽，中途一面多次仔細撈除浮沫雜質，一面用小火燉煮3～4小時。

4 用細孔的圓錐網篩過濾後，熬煮成所需的濃度。

綠雉配斯米塔內醬汁

彩圖在第37頁

●**材料**（1人份）

綠雉1/2隻／干邑白蘭地少量／無鹽奶油適量／紅蔥頭切末1大匙／波特酒（白）、小牛肉高湯、綠雉蔬菜高湯（請參照上文）各適量／酸奶油2大匙／鹽、白胡椒各適量／包心菜芽2個／根芹菜少量／沙拉油適量

●**作法**

烤綠雉

1 請參照第110頁的「烤綠雉　佐配莎美斯醬汁」，同樣的處理綠雉後再煎過，利用餘熱讓肉燜至半熟。

製作醬汁即完成

1 奶油加熱後，炒香紅蔥頭。

2 加入波特酒讓酒精煮至揮發，加入小牛肉高湯和綠雉蔬菜高湯，一直熬煮到所需濃度後，加入酸奶油煮融（圖1、2）。

3 用圓錐網篩過濾後，加鹽和胡椒調味。

4 包心菜芽用鹽水煮軟後，調拌融化的奶油液，再加鹽和胡椒調味。

5 根芹菜去皮，切成極薄的薄片，炸成酥脆的片狀後，撒鹽調味。

6 從綠雉胸肉上切下葉形胸肉後，將胸肉削切成5～6等份，和葉形胸肉一起盛入盤中。

7 最後放上包心菜芽、根芹菜，倒入醬汁即完成。

加入酸奶油後，迅速混勻。

用打蛋器充分混拌均勻。

針尾鴨和內臟的塔

彩圖在第39頁

●**材料**（1人份）

針尾鴨胸肉、胸肉皮、葉形胸肉、內臟（心臟、肝臟、鴨胗）1/2隻份／鹽適量／馬鈴薯泥〔馬鈴薯1個（150～180g）、鮮奶油60g、鮮奶20cc、無鹽奶油・肉豆蔻・鹽・白胡椒各適量、松露6g〕／沙拉油適量／香菇中型1個／白胡椒適量／雞高湯30cc／紅辣椒粉、無鹽奶油各適量／第戎芥末醬1/2小匙／烤好的派麵團直徑10cm圓形1片／義大利荷蘭芹、紅蔥頭、荷蘭芹、美乃滋各適量

●**作法**

事前準備

1 新鮮的針尾鴨胸肉、胸肉皮、葉形胸肉和內臟撒極少量的鹽，放置4小時以上，再放在網架上晾乾（**圖1**）。其中一片葉形胸肉，是用在下文中的「烤針尾鴨　搭配血醬汁」中。

在胸肉、皮和葉形胸肉上分別撒些鹽，晾乾。鹽的分量是1kg胸肉用14g鹽。1kg皮用15g鹽。

2 製作馬鈴薯泥。馬鈴薯煮熟用網篩過濾後，放入已加熱鮮奶油、鮮奶和奶油的鍋裡混勻。加肉豆蔻，鹽和胡椒調味，最後加入剁碎的松露混勻。

胸肉、內臟和皮炒過後，調拌醬汁

1 用沙拉油將鴨胸肉表面熱炒一下。心臟、鴨胗也稍微拌炒一下，分別切成約5mm的小丁。皮炒脆後也切成粗末。

2 香菇也切成5mm的小丁後炒一下，加鹽和胡椒調味。

3 在鍋裡放入雞高湯、鹽、胡椒和紅辣椒粉煮開一下，加入奶油用打蛋器混勻，加入芥末醬即完成醬汁。

4 在醬汁中放入**1**和**2**混拌均勻。

完成

1 將派麵團鋪入直徑10cm的中空圈模底部。

2 在**1**上擠上約7mm厚的馬鈴薯泥。

3 再重疊放上調拌醬汁的胸肉、心臟和鴨胗。再放上炒過切成約5mm小丁的肝臟後，將派盛入盤中，去除中空圈模後修整形狀，最後再放上鴨皮和切碎的義大利荷蘭芹。

4 生的葉形胸肉直接切碎，用切末的紅蔥頭和荷蘭芹，美乃滋、鹽和胡椒調味後，放在湯匙中一起上桌。

包針尾鴨肉餡的炸麵包佐配茄子慕斯和野味清湯凍

彩圖在第40頁

●**材料**（5人份）

野味清湯湯底〔野生鳥獸類骨頭5kg、清湯的第二道高湯3L、雞高湯5L、香味蔬菜A（洋蔥隨意切塊1個份、胡蘿蔔隨意切塊1條份、芹菜隨意切塊1根份、連皮橫切的大蒜1/2球、連皮番茄切半3個份）、丁香1根、香料束1把、黑胡椒粒適量〕／讓清湯變清澄的材料〔野生鳥獸類碎肉800g～1kg、蛋白6個份、香味蔬菜B（洋蔥切薄片1個份、胡蘿蔔切薄片1條份、芹菜切薄片1根份、韭蔥切薄片1/8根份）、番茄切月牙片2個、荷蘭芹莖3根、黑胡椒粒・月桂葉・丁香各適量、蛋白6個份〕／吉利丁片適量／麵包麵團〔高筋麵粉1kg＋防沾粉用少量、無鹽奶油150g、新鮮酵母30g、鮮奶800g、蛋黃60g、砂糖100g、鹽20g〕／炸麵包餡料〔針尾鴨胸肉・腿肉共160g、沙拉油・無鹽奶油各適量、洋蔥切薄片130g、香菇・蘑菇切成5mm小丁各70g、已用水煮變軟的豬腳120g、番茄起司100g、小牛肉高湯150cc、松露50g、松露油・荷蘭芹切末・鹽・白胡椒各少量〕／打散的蛋汁、麵包粉各適量／茄子慕斯〔茄子7根、沙拉油・鹽・無鹽奶油各適量、洋蔥1/2個、雞高湯適量、香料束1把、吉利丁片（泡水回軟）約4.5g、鮮奶油・紅辣椒各適量〕／松露、沙拉油各適量

●**作法**

製作野味清湯凍

1 將用水洗淨的野味骨頭放入200度的烤箱中，稍微烘烤上色。

2 在鍋裡倒入清湯的第二道高湯、雞高湯後加熱，加入**1**、香味蔬菜A和辛香料，一面撈除表面的浮沫雜質，一面燉煮3～4個小時（**圖1**）。

3 用布過濾後，即完成野味清湯湯底，讓它暫放冷卻。

4 在桶鍋放入所有讓清湯變清澄的材料，用木匙一面攪拌，一面加熱。

5 在**4**中加入**3**混合，一面加熱50分鐘～1小時，直到快要煮開前，一面以製作清湯的要領讓湯汁變清澄。

6 用湯杓舀取清澄的湯汁用布過濾後，再倒入另一個鍋裡。再度開火加熱，撈除表面的浮沫雜質後，再次用布過濾，野味清湯即完成。

7 以野味清湯1L比吉利丁片3g的比例，在湯中加入吉利丁，混勻後讓它冷卻凝結。

製作麵包麵團

1 高筋麵粉過篩，奶油攪拌成乳脂狀，然後一起與其他材料混合，再用機械混勻。

2 在**1**上包上濕布，約放置1小時讓它鬆弛，做第一次發酵。

各適量／白葡萄酒醋少量／野豬蔬菜高湯（請參照p.109）、小牛肉高湯、粗粒黑胡椒、豬血各適量／蘋果（王林）切薄片、日產栗子、馬鈴薯、鮮奶油各適量／黑喇叭菇、紅蔥頭切末、義大利荷蘭芹切末各適量

●作法

醃漬腿肉

1 腿肉切成3大塊，加鹽和胡椒調味，再加香味蔬菜和A，讓整體充分混勻。

2 經過醃漬48小時以上後，用網篩撈起材料，將肉、醃漬液和剩餘的香味蔬菜分開。

用肉、醃漬液和香味蔬菜製作醬汁

1 香味蔬菜用加熱的奶油拌炒變軟。

2 肉塗上鹽和胡椒後，放在無油已加熱的平底鍋中，乾煎表面。

3 在鍋子裡放入**1**、**2**和醃漬液，蓋上蓋子燜煮4～5個小時。

4 用網篩撈起**3**，將肉和煮汁分開來。碎肉用奶油拌炒，撒上低筋麵粉後再繼續拌炒。

5 在**4**中加入白葡萄酒醋，迅速刮下黏在鍋底的鮮美焦漬，加入野豬蔬菜高湯、**4**的煮汁和小牛肉高湯，燉煮3小時。

6 在快完成前，加入黑胡椒粒（圖**1**）。

7 用圓錐網篩過濾**6**，加入豬血混合，加鹽和胡椒調味後，醬汁即完成（圖**2**）。

黑胡椒粒在完成前約15分鐘時才加入。

打蛋器一面混合醬汁，一面一點一點慢慢加入豬血。

完成

1 蘋果用奶油煎到變軟後，稍微撒點鹽，加蓋燜煮。

2 變軟後用湯匙壓成泥狀即完成。

3 將剝除澀皮的栗子用水煮軟，以網篩過濾成泥狀。

4 準備和栗子等量的馬鈴薯，用水煮軟後，再用網篩過濾。

5 在**3**中混入**4**，開火加熱，再混入鮮奶油和奶油，加鹽調味。

6 裝飾用栗子用水煮軟後，用開放型烤箱（salamandre）將表面烤到稍微焦黃。

7 黑喇叭菇清理乾淨，撕成好食用大小。

8 用加熱過的奶油拌炒黑喇叭菇，加入紅蔥頭繼續拌炒，加鹽和胡椒後，撒上義大利荷蘭芹。

9 在盤中盛入切成不到1cm厚的野豬肉片，放上栗子和馬鈴薯泥、黑喇叭菇，再淋上醬汁。

野豬蔬菜高湯

●材料（成品是1L）

野豬碎肉和骨頭共500g／洋蔥大1又1/2個／洋蔥半量的胡蘿蔔／胡蘿蔔半量的芹菜／沙拉油適量／整瓶白酒的1/3瓶份／水適量／香草束〔荷蘭芹莖、百里香、月桂葉、粗粒黑胡椒各適量〕／鹽適量

●作法

1 野豬碎肉和骨頭切成適當的大小，和切大塊的蔬菜類一起用已加熱的沙拉油拌炒一下。

2 加入白酒和大致能蓋過全部材料的水，用大火煮開一下。

3 撈除浮沫雜質後，加入香料束和鹽，過程中一面仔細撈除浮沫數次，一面用小火燉煮4～5個小時。

4 用細孔圓錐網篩過濾後，再熬煮到所需的濃度。

佐配牛肝菌和栗子的燉野豬五花肉

彩圖在第35頁

●材料（6人份）

野豬五花肉1.5kg／香味蔬菜〔洋蔥切成4～5cm大塊1.5個份、胡蘿蔔切成3～4cm大塊1/2條份、芹菜切成2cm一截1/2根份、荷蘭芹莖少量〕／粗粒黑胡椒、香菜籽、月桂葉、乾燥百里香各少量／干邑白蘭地、無鹽奶油各適量／鹽、白胡椒各適量／白酒400cc／褐色高湯（fond brun）1L／法國產冷凍栗子30個／牛肝菌、小牛肉高湯各適量／鮮奶油1小匙

●作法

五花肉醃漬後燉煮

1 將五花肉切成7～8cm大小的四方塊，排放在淺盤中，加入香味蔬菜、黑胡椒粒、香菜籽、香草類、少量干邑白蘭地後，全部混勻，醃漬一晚。

2 將香味蔬菜和五花肉分開，五花肉撒鹽和胡椒後，放入無油的平底鍋乾煎（圖**1**）。香味蔬菜用奶油拌炒。

3 將炒軟的香味蔬菜，和表面煎至焦脆的五花肉一起改放到鍋裡，加入白酒和褐色高湯後，加蓋慢慢地燉煮，過程中不時撈除浮沫雜質和脂肪（圖**2**）。

4 五花肉煮到入口即化般的軟爛時，將肉用網篩撈起，將肉與煮汁分開。

製作配菜後完成

1 栗子放入熱水中浸泡回軟，仔細剝除殘存的澀皮。

2 牛肝菌切成食用大小，用奶油香煎後加鹽調味。

3 在**2**中淋入少量干邑白蘭地，開火加熱，讓酒精揮發掉。

4 在**3**中加入五花肉、煮汁和小牛肉高湯，再加鹽和胡椒，讓五花肉充分熱透（圖**3**）。

5 在完成前約15分鐘再加入栗子，加蓋燉煮，讓栗子稍微煮透，注意不要煮碎了。

6 完成後加入鮮奶油增加濃醇度，加鹽和胡椒調味後，盛入盤中。

利用五花肉原有的油脂，一直乾煎到表面焦脆為止。

燉煮時會滲出許多脂肪，要仔細地撈除。

一面用湯匙舀取煮汁，一面澆淋野豬肉加熱。

烤綠雉 佐配莎美斯醬汁

彩圖在第36頁

●材料（1人份）

綠雉1/2隻／鵝肝醬15g／鹽、白胡椒、無鹽奶油各適量／干邑白蘭地適量／紅蔥頭切末1大匙／白葡萄酒醋少量／白酒60～70cc／綠雉蔬菜高湯（請參照右文）、小牛肉高湯各適量／松露切末適量／下仁田蔥1/2根／水少量／小綠菜（petit vert）2棵

●作法

處理綠雉

1 將綠雉從翅膀、腿、V字骨頭和頸部的根部切下，用瓦斯槍燒除表面的細毛。

2 用刀從胸部和腿部之間切入，一直切到腿部的根部，腰骨對折，切開腰部。從腰骨下刀切下兩支腿部。

3 取出內臟後，綠雉胗清理乾淨，剔除筋膜，心臟切半後清除污血，全都切成5mm的小丁，鵝肝醬和肝臟以網篩過濾成泥。

烘烤綠雉表面，用餘溫燜熟

1 在身體和腿上撒上鹽和胡椒，放入已加熱奶油的鍋裡，用高溫將表面迅速煎一下。

2 胸部朝上，均勻地淋上少量的干邑白蘭地，立刻加蓋後放在溫暖的地方，用餘溫將肉燜熟。

製作醬汁

1 奶油加熱，放入紅蔥頭炒成金黃色，加入白葡萄酒醋後熬煮到水分快要收乾。

2 加入少量干邑白蘭地增加香味，再加入白酒燉煮。

3 加入綠雉蔬菜高湯、小牛肉高湯，熬煮變濃稠後，用圓錐形網篩過濾。

4 綠雉胗和心臟用奶油煎過後，將鵝肝醬和肝臟一起放入**3**中混合，加入松露後加鹽和胡椒調味（圖**1**、**2**）。

下仁田蔥煎過後即完成

1 下仁田蔥切掉蔥綠部分後，加鹽和胡椒調味。

2 鍋裡放入下仁田蔥和少量奶油，加蓋後用200度燜煎變軟，再切成4cm長。

3 小綠菜用鹽水汆燙後，和熱水和奶油混拌，加鹽和胡椒調味。

4 切下綠雉一片胸肉後，再切下較柔軟的葉形胸肉。

5 在盤中先鋪上葉形胸肉，再放上

Recettes

彩色頁中所介紹的料理作法

烤綠頭鴨 佐配野米

彩圖在第32頁

●**材料**（2人份）

綠頭鴨1隻／鹽、白胡椒各適量／紅葡萄酒醋、紅酒、馬得拉酒、鴨蔬菜高湯（請參照下文）、小牛肉高湯、無鹽奶油各適量／紅蔥頭切末1小匙／野米（煮熟）5大匙／義大利荷蘭芹切末少量／給宏德（Guerande）的鹽（細細碾碎）少量

●**作法**

鴨處理好後烘烤

1 將鴨了的翅膀、腳爪和脖子分別從根部切斷，從尾部取出內臟，洗淨腹內。
2 用瓦斯槍燒烤鴨子的表皮，燒掉細毛後，整個塗上鹽和胡椒。
3 在不塗油、已加熱的平底鍋中，鴨背朝下放入。
4 將背側乾烤上色後，依序烤兩側、翻面的兩胸，脖子根部等處，讓它們全部都烤成焦黃色。
5 以230度烘烤8分鐘，暫放在溫暖的地方。

用手用力擰絞，將流出的血和肉汁收集在盆裡。

一隻份大約可絞榨出2～3杯的量。

為了不讓血凝固，用打蛋器一面混拌，一面加入。

6 將鴨腿從根部切下，2片胸肉也切下，再切下葉形胸肉，用刀剔除筋膜。剩下的骨頭榨出血和肉汁（**圖1、2**）。

製作鴨血醬汁即完成

1 紅葡萄酒醋放入鍋中，熬煮到水分快收乾前，加入紅酒稀釋後繼續熬煮。
2 熬煮到某種濃度後，一面依序加入馬得拉酒、鴨蔬菜高湯和小牛肉高湯，一面熬煮。
3 等煮到有濃度後，一面攪拌醬汁，一面一點一點慢慢加入血和肉汁（**圖3**）。
4 加入10g奶油融化後，加鹽和胡椒調味。
5 在另一個鍋裡加熱奶油，放入紅蔥頭炒成金黃色，加入野米拌炒一下，加入小牛肉高湯混勻後，加鹽和胡椒調味，最後加入義大利荷蘭芹。
6 一人份餐包括連皮胸肉1片削切成1cm厚。腿肉剔除骨頭前端的肉後，插上金屬餐具。
7 在盤中盛入腿肉、胸肉、葉形胸肉，撒上給宏德的鹽和胡椒，橫放野米後，在胸肉和腿肉上淋上加熱煮成焦褐色的奶油液，再倒入醬汁。

鴨蔬菜高湯

●**材料**（成品是1L）

鴨骨5～6隻份、洋蔥大1又1/2個／洋蔥半量的胡蘿蔔／胡蘿蔔半量芹菜／沙拉油適量／陳年紅酒1/3瓶份／水適量／香料束〔荷蘭芹莖、百里香、月桂葉、粗粒黑胡椒各適量〕／鹽適量

●**作法**

1 鴨骨切成適當的大小，和切大塊的蔬菜類一起用加熱的沙拉油炒香。
2 將入紅酒和能蓋住整體材料的水，開大火煮開一下。
3 撈除浮沫雜質，加入香料束和鹽，過程中一面仔細撈除浮沫數次，一面用小火熬煮2～3個小時。
4 用細孔圓錐網篩過濾後，再熬煮到所需的濃度。

葡萄葉包烤山鷸鶉 佐配香檳酒醋

彩圖在第33頁

●**材料**（2人份）

紅山鶉1隻／鹽、白胡椒、干邑白蘭地、鹽漬葡萄葉（市售）各適量／無鹽奶油適量／切末紅蔥頭適量／香檳酒醋、小牛肉高湯各適量／黑喇叭菇少量／菊苣1棵／義大利荷蘭芹末少量

●**作法**

切下山鶉肉用葡萄葉包裹

1 山鶉從關節下刀，切除中段和前段翅膀，再從根部切除頸部。
2 用瓦斯槍燒烤掉表面的細毛。連爪尖也要燒烤，再剝除爪上的皮。
3 剔除頸部的V字形骨頭，連腿的胸肉從背骨處剖開，淋上干邑白蘭地，撒上鹽和胡椒。
4 鹽漬葡萄葉用水漂洗，稍微去除鹽分，再拭乾水分。
5 將山鶉放在葡萄葉上包成圓筒狀，用棉線綑綁修整形狀（**圖1**）。

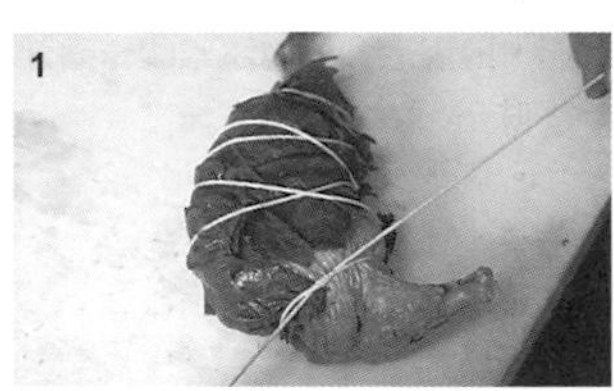

用一片葡萄葉能緊緊地包裹住半邊的山鶉。

製作醬汁即完成

1 在已加熱奶油的平底鍋中放入山鶉，將表面煎過，再放入230度的烤箱中約烤8～9分鐘，暫放備用。
2 用已加熱的奶油拌炒1小杯紅蔥頭，直到炒成金黃色，加入香檳酒醋、小牛肉高湯，熬煮到產生濃度，加鹽和胡椒調味。
3 黑喇叭菇清理乾淨，切成好食用的大小，和少量紅蔥頭一起用奶油拌炒，再加鹽和胡椒調味。
4 菊苣縱切成一半，用奶油炒到變軟，加鹽和胡椒調味。
5 拆掉山鶉的棉線，盛入盤中，放上**3**和**4**，倒入醬汁。黑喇叭菇上撒上義大利荷蘭芹。

燜煮野豬腿肉 佐配普瓦法蘭醬汁

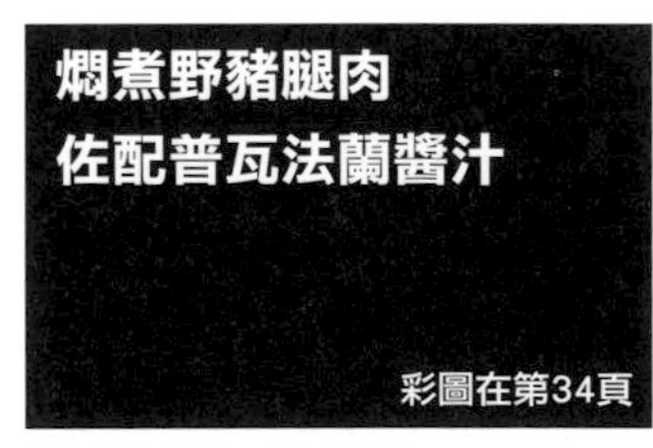

彩圖在第34頁

●**材料**（18～22人份）

野豬腿肉5kg／鹽、白胡椒各適量／香味蔬菜〔洋蔥切4～5cm大塊5個份、胡蘿蔔切3～4cm大塊1又1/2條份、芹菜切2cm長截15cm份、荷蘭芹莖少量〕／A〔粗粒黑胡椒、杜松子、香菜籽、月桂葉、乾百里香各少量、丁香、鼠尾草各適量、白酒750cc3瓶份、白酒醋280cc〕／無鹽奶油、野豬碎肉、低筋麵粉

野味料理大全

出版	瑞昇文化事業股份有限公司
監修	高橋德男
譯者	沙子芳
總編輯	郭湘齡
責任編輯	王瓊苹
文字編輯	闕韻哲
美術編輯	朱哲宏
排版	二次方數位設計
製版	興旺彩色製版股份有限公司
印刷	桂林彩色印刷股份有限公司
戶名	瑞昇文化事業股份有限公司
劃撥帳號	19598343
地址	台北縣中和市景平路464巷2弄1-4號
電話	(02)2945-3191
傳真	(02)2945-3190
網址	www.rising-books.com.tw
Mail	resing@ms34.hinet.net
初版日期	2008年9月
定價	480元

●國家圖書館出版品預行編目資料

野味料理大全 ／ 高橋德男監修；沙子芳譯.
-- 初版. -- 台北縣中和市：瑞昇文化，2008.05
112面；21×28公分

ISBN 978-957-526-761-2 (平裝)

1.食譜

427.1　　97008344